はじめに

私は，1986 年，東京農業大学農学部農業拓殖学科，いまの国際農業開発学科に入学しました．一度きりの人生なら，会社員になるのではなく，農業をしたい，できれば途上国の農業に何らかの貢献がしたいと考えていました．当時，日本はバブルの絶頂期で，日本経済はこのままずっと上り調子で明るい未来があるかのように，みなが浮かれていた時代です．しかし，その後まもなく，世界は新自由主義（ネオリベラリズム）の嵐に巻き込まれ，ごく一部の富める者と，その他大勢の貧しい者との格差が大きくなり，かつては一億総中流といわれていた日本においても，バブルがはじけて経済が低迷し，終身雇用制や年功序列制が崩壊した結果，多くの中年男性が解雇されて，公園には野宿者が溢れるようになりました．

新自由主義政策のもとでは，本来，公共事業であるべきことまで，競争原理の中に投げ込まれます．私が学生の頃，1987 年に国鉄が分割民営化されてＪＲになりました．その後，2005 年には郵便局も民営化されました．鉄道や郵便などは，日本に住むあらゆる人にとって必要なものであり，どんな田舎であっても，むしろ田舎であればあるほど，電車や郵便はなくてはならない事業であるはずです．しかし，結局いずれも民営化され，赤字になるような田舎では，サービスが提供されなくなるところも出てきました．

私たちは，資本主義社会では競争原理がある種の駆動力としての役割を担っていることを認めなければならないと思います．しかし，人間が，人間らしく生きられる社会を構築していくためには，競争原理だけでなく，平等の原理によらなければならない分野があると考えざるをえません．私は，その典型的な分野が，教育や医療，福祉や農業だと思っています．

教育は，いまや受験産業という名のもとに儲かる産業になっています．お金持ちの子どもはよい塾に通ってよい大学に入って，よい会社に就職してよい結婚をすることがめざされます．このルートから外れている人は，自助努力によって受験戦争でのし上がり，勝ち組に入るように促されます．しかし，本来，教育は国家がすべての人に提供すべきサービスであり，お金があってもなくても，その人の能力を社会全体が享受でき，将来世代とも共有できるようなシステムが準備されなくてはなりません．いまとくに，日本では公教育に対する政府の支出がGDPで2.9％しかなく，OECDに加盟している先進国35カ国の中でも最低です．つまり，教育に対する家計の負担が大きくなっており，多くの学生が奨学金を借りてアルバイトをしなければ大学に通えないような状況になっています．そして苦労して卒業した後，大半は企業に就職するわけですから，家計が財界を支えていることになるわけで，本末転倒しています．当然，財界が教育費をもつべきなのです．本来，勉強というものは，無料でできるべきで，その代わり，勉強して得た知識や技能は，自分のためだけに使い尽くすのではなく，社会に還元すべきなのです．そうしなければ，社会はよくなりません．私は大学教授ですが，一昨年まで，大学院生時代に借りていた奨学金を返していました．30年かかりました．皆さんは，私よりももっと大変な時代に大学に入学されたわけで，私は教員として，せめてまともな授業をするようにしようと願っている次第です．皆さんにしっかり学んでいただき，将来，誰でも望めば，無料で大学に行けるような社会を作っていただきたいと心から願っています．

私は，仕事柄，よくアジアの国に出かけていきますが，学びたくても学べない子どもたちがたくさんいることに驚かされます．いまはコロナ禍のため授業料を払いつつ，キャンパスに来ることができない異常事態ですが，しばし，途上国の子どもたちに思いを馳せるようにしてほしいと思います．もちろん，みなさんの学ぶ権利がわずかでも侵害されることは許されないことですが，それにしても，みなさんが大学で学ぶ機会を与えられているのは，学ぶ機会が与えられていない人たちの分まで学び，またそのような人たちのためにこそ役立つような，よりよい世界を作るための使命を帯びているからに違いないと思います．

また，医療についても，単に儲かる分野だけが流行るとしたら，命にかかわらないプチ整形をする外科医ばかりが増えてしまい，産婦人科や小児科，感染症科など，人類の生存や発展にかかわる分野の医療従事者は，どんどん減ってしまうことでしょう．福祉に関しても，昨今，フィリピンやインドネシアから若者を連れてきて介護に当たらせるようなことが画策されています．超高齢化社会で仕方がないことだと考えられるかもしれませんが，若者を日本に送らなければならない現地の社会や家庭でどういうことが起こっているのかについて，私たちはあまりにも無関心だと思います．

農業に関しても，同じようなことがいえるのではないでしょうか．いま，日本の GDP に占める農業の貢献度は 1.6% ほどですが，だからといって農業を等閑（なおざり）にしてよいはずがありません．農業は命を養い，維持するために不可欠な事業であり，農業を充実させなければ，人類の将来は危ういといわなければなりません．農業は，あくまで人間が中心ではありますが，作物や家畜とともに，生態系の中で，いかに共存して，よりよい世界を次世代に残していくかということを課題としています．農業は第一次産業と言われますが，本当は第一級産業，あるいは第一流産業と言うべきなのです．

皆さんは，日本の食糧自給率がカロリーベースで 39% と聞いてどう思われるでしょうか．戦争や，あるいは今回のコロナ禍のようなパンデミックによって国際的な交易が低調になると，日本は危ういのではないかと思われるかもしれません．しかし，「農的生活」を重視しているウェンデル・ベリー（1934−）という人が，人間には，「自立」などというものはない，あるのは「責任ある依存」と「無責任な依存」だけなのだ，といっているのは傾聴に値すると思います．人間は，他者に頼って生きる存在なのです．食糧自給率が低いことは防衛上問題だという人たちがいますが，私は，むしろ，この数字が，ウェンデル・ベリーのいう「無責任な依存」の結果ではないかということを恐れます．日本の食糧自給率が低いのは，日本の農業生産力が低いためであるよりは，グローバル資本主義に乗っかったグルメ志向によって海外から安い農産物を輸入している，あるいはそうしむけられているからにほかなりません．ですから，日本の，あるいは地球上の食糧事情を考える上で，地産地消を前提とした公平な分配の仕組みを考えることが不可欠です．それはコスト面からだけでなく，輸送に要する化石燃料を削減することによって地球温暖化を抑制するというような視点，また現地の農民と協力，共生するという視点からも大変重要な課題であると思います．

前置きが長くなりましたが，公平な「分配」がどうしても必要だということを踏まえた上で，この講義では，栽培について学びます．栽培学のめざすところは，簡単に言えば，the more，the better，the safer，つまり，より多く，よりよいものを，より安全に生産するということです．また作物を栽培する具体的な技術だけでなく，作物栽培が人類の歴史にどのような影響をもたらしたかについても，考察したいと思っています．そして，みなさんが，農的思考を身につけ，農的生活をはじめる一歩を支援することができればと願っています．

2022 年 5 月 15 日　娘の誕生日を記念して

小塩海平

目　次

第1講　農耕の起源と栽培作物

栽培学をどう学ぶか

「栽培学」という学問について，内容を学ぶ前に，考えておきたいことがあります．根本的な問いになりますが，そもそも「栽培」ということを教室で学ぶことができるのかということです．というのも，栽培には知識よりも技能が大事であり，技能は実践によってこそ養われると考えられるからです．頭で覚えるよりは，肌で覚える，あるいは身体で覚える面が少なからずあるわけです．農大がモットーとしている「稲のことは稲に訊け，農業のことは農民に訊け」，「農学栄えて農業衰ふ」というのはそのことを表しているといえます．栽培技術を体得するためには，畑や田圃に出て，泥にまみれ，汗を流すことが不可欠です．世田谷キャンパスには，残念ながら作物を育てる十分なスペースがなく，皆さんの実習は伊勢原や宮古島などの農場で行うことになりますが，実習がないならば，栽培を学んでも机上の空論になってしまうおそれがあるということは，認めなければなりません．

それでは，大学で学ぶよりも，農家に弟子入りした方が良いかというと，そうともいえません．たとえば，皆さんが稲作を勉強するとして，農家では1年に一回しか経験ができません．しかし，栽培学という学問では，採種，播種，育苗，施肥，水管理，病害虫や雑草の管理，連作・輪作・混作・間作などの作付体系，その他，さまざまな理論を学ぶことが可能です．この理論は，先祖から連綿と受け継がれてきた栽培技術を体系化したもので，人の一生では経験し尽くせないほどの宝の山であるといってよいでしょう．

私の経験では，肝心なのは，理論を学びつつ，実践でそれを確かめること，また実践で出くわした課題を理論的に追究すること，このような相互連関が不可欠であり，これこそが農学を学ぶ醍醐味だということです．

漢字や英単語を覚えることを想像してみてください．頭でわかっても，実際にその言葉を文脈の中で使ってみなければ，自分のものとして定着させることはできないでしょう．学んだことを，いつも実践できるように，また実践したことを理論化できるようにしていることが大切です．新しい漢字や単語を使うことによって，他者との相互理解がステップアップするように，私たちも栽培について学び，それを実践で試すことによって，新しい地平を開くような経験ができるのです．

医学でいえば，基礎医学と臨床医学ということになるでしょうか．たとえば，解剖学をいくら学んで教科書を暗記していたとしても，経験がなければ，実際に「手術をしてください」といわれたとき，おそらく手も足も出ないでしょう．先輩に手ほどきしてもらって初めて，教科書で学んだ知識が生きてくるわけです．それなら，基礎医学は無意味なのかといえば，もちろん，そんなことはありません．臓器や組織，血管や神経の仕組みと働きなどの知識がなければ，そもそも手術をすることなど思いもよらないことでしょう．私は，栽培学は，基礎医学に相当すると思っています．私自身，実際に作物の栽培をしてみなさいといわれれば，到底，農民の足下にも及びません．しかし，農民が経験からだけでは気づけない様々な規則や理論について，専門的な知識をもっています．それは様々な課題にぶつかったとき，突破口を見いだす糸口になるはずです．そういう専門家のひとりである私が，栽培学をどのように語るのか，ぜひ注目しながら学んでいただきたいと思います．

農業という言葉

みなさんは，英語で農業のことをagricultureというのを知っているでしょう．この英単語は，もともとアグロ（土）とカルチャー（耕す）から構成されています．つまり「土を耕すのが農業」というわけですが，ここでカルチャーを「文化」ではなく「耕す」としていることを不思議に思われるかもしれません．カルチャーという単語は，ラテン語のコレーレ（耕す）という動詞に由来しており，たとえば，cultivation（耕作）という単語に，如実に残っています．そのうち皆さんが実習で扱うカルチベーターという機械は耕耘機（こううんき）です．ここからわかるのは，「文化」というのは「耕す」ことから生まれたということです．土を耕すのが農業，心を耕すのが文化といってもよいのですが，むしろ農業こそおよそ文化といわれるものを作り出した源というべきでしょう．農業を営むためには，いつ種を蒔くのがよいのかを判断できなければなりませんので，どの季節に洪水が起こって肥沃な土がもたらされるのか，それはどの星がどのくらいの高さになったときなのかなど，天文的，地理的な知識が必要だったでしょうし，灌漑施設を作ったり，収穫作業を行ったりするときには集団による協力が必要で，そこから共同社会が生まれていったともいえるでしょう．旱魃の時には雨乞いの儀式もしたでしょうし，収穫感謝祭なども行われたはずで，宗教が農耕儀礼として生まれたという説もあります．ここで，インド・ヨーロッパ祖語の中に，農耕に関係する単語がどのように息づいているか，確認してみましょう．

生活感覚に残っている農業の語感

インド・ヨーロッパ祖語というのは，むかし，サンスクリット語起源の言葉を話すインド系の人たちとゲルマン系（英語，ドイツ語，北欧語など）やラテン系（フランス語，イタリア語，スペイン語，ポルトガル語など）の言葉を話す人たちの共通の祖先が使っていた言葉で，それぞれの言語の中にいまだに原始的な音として息づいています．たとえばサンスクリット語とヨーロッパ語に共通の響きが残っていれば，それはゲルマン民族の大移動の前，両者の祖先が別れる前にすでにもっていた言葉だということがわかります．ここでは農耕に関係する基本的な四つの音を上げておきます．詳しく知りたい人は，山並陞一著『語源でわかった！　英単語記憶術』（文春新書，2003）をご参照ください．

・hum という音は，土を表します．human（人間），humus（腐植），humidity（湿度），humble（へりくだった），humiliation（侮辱），などが挙げられます．human(人間)：人間は土から作られ，土に帰る存在です．humus（腐植）というのは植物が枯死したりして土に帰るときにできるもので，腐葉土とも訳されます．humidity（湿度）は土が湿っていることから，humble（へりくだった）は頭を土につけて平身低頭すること，humiliation（侮辱）は相手の顔に泥を塗ることです．
・se という音は種子を表します．seed は種子，season は種まきの季節のこと，seminar は種まきのように知識を普及させることです．
・vi は生命を表す音です．vegetable（野菜）が生えてくるさまは生命力を感じさせますし，vegetation なら植生，vital なら命がけ，vivid は生き生きした，survive なら生き残る，revive なら復活するとなります．なお v と b は交換可能ですので，bio も同じ流れに属することになります（v と b が交換可能というのはドイツ語と英語の発音を比較するとはっきりします．たとえば，have と haben，fever と Fieber など．ちなみに t と s も交換可能で，water と Wasser，英語でも sion と tion は同じ音価ですね．音韻変化に関心がある人は，童話で有名なグリム兄弟が発表したグリムの法則について調べてみてください）．

・grau（育つ）は，grow（成長する）や green（緑，未熟）というような単語にその響きが感じられます．

こうしてみると，狩猟採集の生活から農耕の生活へと移った人たちが，どのように世界を表現していたか，その音がいまでも生き生きと残っていることに驚きを禁じえません．農業は，言葉の上でも，人々の生活を一変させるようなできごとであったことがうかがえます．狩猟・採集の生活から農耕を営むようにシフトした出来事を，「農業革命」とよんでいます．この過程はいまから１万２千年位前ごろに非常にゆっくりと進みました．

天地創造に対する応答としての耕作

ところで，農耕の起源に関するひとつの伝承を紹介しましょう．旧約聖書の２ページめを開くと，神が人を創造されてエデンの園に置かれた時，耕すことを命じられたということが書かれています．ここでは，土を耕すという行為は，単なる農作業を意味するのではなく，人が土から生まれ，土に帰るべき存在であることを悟らせるための自己確認の作業であったことがわかります．アダムとエバは楽園でのんびりと気ままな生活をしていたわけではなく，耕していたのであり，耕作は神による天地創造の業に対応する人間の側の応答であったといえるでしょう．人（アダム）が土（アダマ）から作られたというからには，耕すという営為は食物を得るための生業を超えたものであり，まさにアイデンティティーの確認であったわけです．

Human being というのは，まさに土なる人という意味であり，学名の *Homo sapiens* の Homo も土を意味しています．このことは，たとえば英語で，fertile とか barren というような形容詞が，人も土も形容できるということからも，その同源性をうかがい知ることができます．

これらの単語は，人間に適用されれば，「子宝に恵まれていること」や「石女」であることを意味しますが，土に適用されれば「肥沃な」状態，「不毛な」状態を意味します．古代の人々は，土と人との同源性を，このような共通の形容詞で表現し，確認していたのだと思います．また，一昔前の人々は，healthy という言葉を，人間に対しても，土に対しても使っていました．Healthy は heal（癒やす・癒える）という動詞に由来していますから，無病という意味ではなく，病気になっても治ることができる力を意味しています．農業は，人と土との一体性を思い起こさせる営みであったのです．

耕すことが人にとって自己確認の作業であったということは，なかなか含蓄のあることですので，もう少し詳しく見てみましょう．旧約聖書の2章は「主なる神は人を連れて行ってエデンの園に置き，これを耕させ，これを守らせられた．主なる神はその人に命じて言われた，『あなたは園のどの木からでも心のままに取って食べてよろしい．しかし善悪を知る木からは取って食べてはならない．それを取って食べると，きっと死ぬであろう』」と述べています．アダムとエバは，エデンの園で食物には事欠いていませんでしたから，この場合，「耕せ」という命令は，作物生産をしろということではありませんでした．

そして，このことを明確にするために，聖書はすぐ後で「主なる神は彼をエデンの園から追い出して，“人が造られたその土”を耕させられた」と述べているわけです．

図1　アダムとエバ
クエルチャ，1428

このレリーフはイタリアの彫刻家ヤコポ・デッラ・クエルチャ（1374−1438）による「アダムとエバ」（1428）という作品です（図1）．罪を犯して楽園を追放されたアダムとエバは，罰を受け，アダムは「額に汗して耕すこと」，エバは「苦しんで子を産むこと」が宿命とされました．耕すことと子を産むことは，いずれも命がけで痛みを伴う苦しい作業ですが，しかしそこには収穫の喜びや新しい生命が生まれた喜びが伴っています．旧約聖書の詩篇127篇に「涙をもって播くものは，喜びをもって刈り取る」という一節があり，昔の人々も，農業が困難な作業であることを認めつつ，希望をさし示すシンボルとして捉えていたのではないかと，思われます．

ところで蛇足になりますが，旧約聖書の最初の書物は創世記といい，英語ではGenesisといいます．それに対して，新約聖書はマタイによる福音書から始まり，その冒頭は，「アブラハムの子であるダビデの子，イエス・キリストの系図」という言葉で始まります．この系図という言葉は，英語ではgenealogyといいます．もとのギリシャ語では，「天地創造」と「系図」というのは同じ言葉で，福音書の著者であるマタイは，イエス・キリストの物語を，天地創造に匹敵するストーリーとして書き始めたのでした．こういうことを考え合わせると，「耕す」という行為が天地創造の物語と密接に結びついており，さらに子を産むこと，系図とも連動していることがわかります．Genesisもgenealogyも，ラテン語のgenere（生む）という動詞に由来していますが，農業もgenerating（創造的）な行為であり，general（包括的）なものであり，generation（世代）を超えて受け継がれていくものとして整えなければならないということを思いめぐらせてもよいと思います．

農業が世代を超えて受け継がれるべき営為であるということは，大切な視点です．カトリーヌ・シルギューイ（1943─）というフランスの哲学者が「大地は，先祖から受け継いだのではなく，子どもたちから借りているのだ」と述べていますが，栽培学が先人たちから受け継ぐ遺産であると同時に，私たちが未来の世代に受け継がせなければならない遺産でもあることを肝に銘じなければなりません．農業あるいは栽培という営みについて，先祖伝来のものを学びつつ，子々孫々に受け渡すべき遺産として残すことが肝要で，農業に携わるということは，そのようなスケールの大きさをもっていることを覚えるようにしたいと思います．

いま，自らを振り返って考えてみますと，私たちが子孫に残すことになるのは，せいぜい赤字国債と原発の核廃棄物くらいではないかと恐れずにはおられません．そんなことからも，これから，皆さんと一緒に，農業の復権，栽培の復権ということを考えたいと願わずにはおられないのが，現在の私の偽らざる気持ちです．

農耕の始まり

図２は，石弘之の『環境と文明の世界史』（洋泉社，2001）からの引用です．石さんには『緑の世界史（上）（下）』（朝日選書，1994）や『感染症の世界史』（角川ソフィア文庫，2018），『地球環境報告』（岩波新書，1988）などの著作があります．私は，以前，石さんの講義を他大学に聴講に行っていたことがあり，学生時代からずっと注目している学者の一人です．

この図の見方は，縦軸が現時点から遡った年代，横軸が現在の平均気温とどのくらい差があったかを示しています．つまり，右に行くほど温かい時代であったこと，左に行くほど寒い時代であった

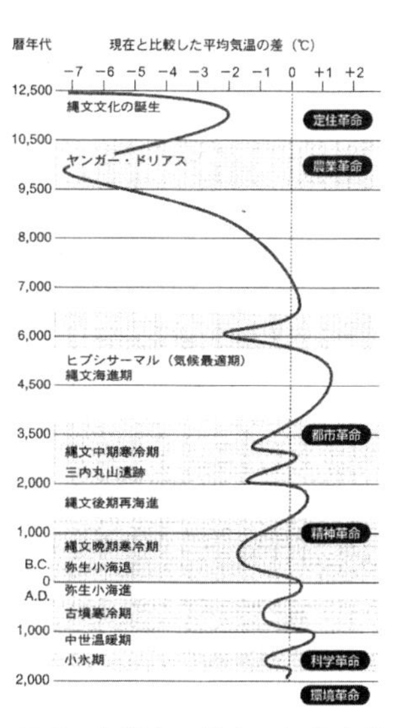

図２　人類史の革命と気候変動（石弘之・安田喜憲・湯浅赳男『環境と文明の世界史』〈洋泉社・新書ｙ〉より転載．安田喜憲 ©）

ことを示しています．一番上が紀元前12500年前ですから，いまから14500年ほど前になります．日本では縄文文化が始まった頃にあたります．このころ，人々は豊かな狩猟採集の生活を営んでいました．狩猟採集の生活というと，かなり苛酷なイメージがあるかもしれませんが，人々は多種多様な植物や動物を食べ，栄養的には極めてバランスがとれた食事をしていたようです．初期の段階では，ヒトはハイエナなどが食べ終わった後の死骸の骨を割ってその中の髄液を食べるようなことで生きのびていたようですが，言葉の発達によって共同作業ができるようになり，生態系の頂点に立つようになっていきました．この経緯を「認知革命」といいます．ヘブライ大学のユヴァル・ノア・ハラリ教授の『サピエンス全史』（河出書房新社，2016）を参照してください．ハラリ教授は，今般のCOVID−19に関しても，著名な提言をしていますので，これに関しては以下の文献をぜひ読んでみてください（http://web.kawade.co.jp/bungei/3455/，「人類はコロナウイルスといかに闘うべきか── 今こそグローバルな信頼と団結を──」）（https://courrier.jp/news/archives/195233/，「非常事態が“日常”になったとき，人類は何を失うのか」）．

さて，豊かな狩猟採集の生活をしていた石器時代の人たちは，やがてヤンガー・ドリアスという寒い時代を迎えました．こういう時代には，永年作物ではなく，種子で冬を耐える一年生の植物の方が有利になります．世界で最初に農耕が始まったメソポタミヤ地方では，こうして一年生のムギの仲間が優占するようになっていました．ヒトが火入れをしたような所も同様ですし，ヒトがよく通るところには種がこぼれ，そのようなところにもムギが育つような状況が生じていたと思います．人々は次第にムギを栽培するようになったのですが，この過程をdomestication（馴化（じゅんか））といいます．Domeは家や支配を表します．Dome球場とか，kingdom（世界：王の支配する家）とか，domain（領土），

domination（支配）なども語源を同じくしています．

しかし，狩猟採集の生活に比べて，作物の栽培がずっと楽だったかというと，おそらく逆だったようです．ヒトは脳が重く，二本足歩行をする特長から，石をどけたり，草を抜いたり，水を運んだりするのは元来苦手で，農耕民族には，狩猟採集の人々の骨には見られなかったヘルニアや関節炎などが見られるそうです．農耕は，メソポタミヤ（メソは中間の意：cf. メゾフォルテなど，ポタミヤは川の複数形：ヒポポタマスは川の下にいるカバのこと，つまりメソポタミヤというのはチグリス川とユーフラテス川の間という意味）地方でムギを中心に始まりましたが，他の地域でも独立して，たとえば中国ではイネ，南米ではジャガイモやトウモロコシなどを中心にして，栽培が行われるようになりました．しかし，狩猟採集に比べて食料のバラエティーは少なくなりましたので，栄養的にはアンバランスになったはずです．そして労働時間が圧倒的に増えました．それまでは，週に10時間ほど狩猟や採集をすれば食べていけたのに，何倍もの時間を農耕に費やさなければならなくなりました．ただ，土地当たりの生産性は格段に上がりましたので，より多くの人口を養うことができるようになりました．また，妊婦や老人，小さな子どもにとっては，移住生活は酷であったはずで，定住生活をして作物を栽培するようになったことにより，死亡率が下がり，これも人口増加に結びつきました．他方，人口が増えるに伴って，いまでいう三密状態が作られますので，おそらく感染症などの病気も増えたに違いないと思います．

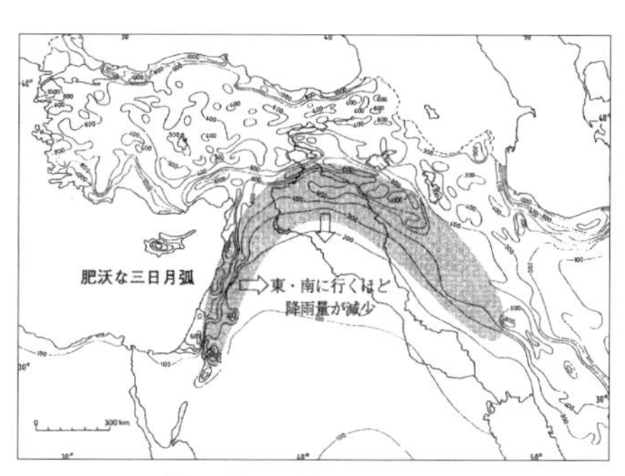

図３（藤井純夫『ムギとヒツジの考古学』同成社，2001）

図３は，藤井純夫著『ムギとヒツジの考古学（世界の考古

学）』（同成社，2001）からの引用です．濃い色の地域は世界で最初に農耕が始まったメソポタミヤ地方を示しています．三日月型をしていますので，肥沃な三日月地帯（fertile crescent）とよばれます．fertile はすでに説明しましたね．派生語を紹介しますと，fertilizer は肥沃にするものという意味で「肥料」，fertilization は多産にすることなので「授精」となります．crescent は三日月ですが，イタリア語ならクレッシェンド（だんだん強くという音楽記号）ですし，フランス語ならクロワッサン（三日月型のパン）になります．人類の歴史で記念すべき農耕の第一歩が踏み出された地帯が，現在，世界で最も戦争が頻発する地域になっていることは，大いなる皮肉であると感じます．

ヤンガー・ドリアス期における野生のムギ（一粒系小麦，二粒系小麦，二条オオムギ）の分布は農耕が始められた地域と見事に重なっていることがわかっています．

農耕文化を示す遺跡と出土品をみてみると，古い時代から収穫用の鎌，脱穀用の道具，粉に挽くための臼，調理用の窯などがあり，ムギが栽培され，利用されていた様子がわかります．

また，さまざまな遺跡を調べてみると，農耕文化が浸透するにつれて，村落が大きくなり，家のかたちは円形から方形に移っていき，規模も大きくなっていきました．ヤギやヒツジの家畜化はムギの栽培化よりも数千年遅かったと考えられています．作物栽培や家畜の飼育がすすむにつれて，養うことができる人口が増えていることがわかります．こうして，ホモ・サピエンスの人口は，どんどん増えていくことになりました．

さて，これまでヤンガー・ドリアス期の寒い時期に一年生のムギが優占して生育するような状況が作られ，農耕が始まったのではないかという説を紹介してきましたが，ハラリは別の仮説も紹介しています．

ギョベクリ・テペ遺跡は農耕が始まる前，おそらく紀元前 9500 年くらいの狩猟採集をしていた人々によって遺されたものなのですが，数千人が協力しなければできないような作業が行われていたことが建造物から確認できます．つまり，何らかの宗教儀式を行うための祭壇のようなものの建設のために人々がある場所に集まる必要が生じ，それを養うために農耕が始められたと考える余地が十分あるということです．

農耕が始められたとき，当時の新石器時代の人々は大変優れた育種能力を発揮しました．野生の植物の中から，人類の生活に役立つ作物を選び出して栽培することを始めたのです．こういうやり方で新しい品種をつくりだすことを選抜育種といいます（メンデルの法則発見後に行われるようになった掛け合わせによる新品種の作出は交配育種といいます）．いま，私たちの食卓に上る9割以上の植物は，石器時代の人々が選び出してくれたものといっても過言ではありません．

ムギやイネに関しては，野生のものと栽培品種の間には，いくつかの違いが見られ，それこそが石器時代の人々の育種眼によって選び出された品種特性ということができます．

第一の特徴は脱粒性の消失です．野生のムギやイネは，触ったりするとボロボロと粒が落下する脱粒性（threshability）という性質をもっています．イネには12本の染色体があるのですが，イネの脱粒性遺伝子は第一染色体に座乗していることが知られています．分子生物学的には，この遺伝子が変異して脱粒性を失う仕組みがわかっています．石器時代の人たちがこのような遺伝特性をもつ突然変異の個体を見つけ出し，私たちに連綿と伝えてくれたことは，いくら感謝してもたりないほどです．穀類に脱粒性があると，いちいち粒がこぼれ落ちますので，収穫が大変になってしまいます．しかし，脱粒性を消失したムギやイネの場合，穂ごと収穫することが可能になりますので，大変効率が上がります．穂ごと収穫しますので，収穫後には脱穀をして粒を

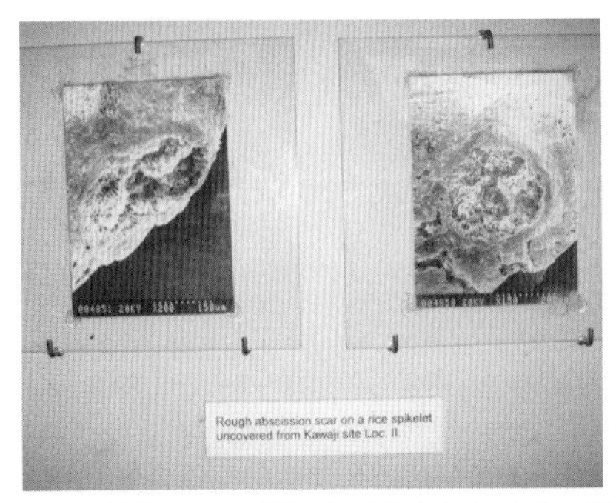

図４　韓国カワジ遺跡より出土したイネの籾
脱穀によって引きちぎられた後があり，
栽培種であることがわかる．（著者撮影）

ばらさなければなりませんが，それでも地面にこぼれ落ちた粒を一々拾い集める必要がなくなったため，大幅な時短になったと思います．

それでは，遺跡を調べてみて出てきたムギやコメの粒を見て，それが野生のものを集めてきたものか，栽培したものなのかを見分けるにはどうすればよいでしょうか．上述したように栽培されるようになったムギやイネは脱粒性を失っていますので，付け根の所を顕微鏡で観察すると，図４の写真のように引きちぎられた跡がギザギザになって残っています．この写真は，韓国の古い遺跡から出土した米粒を調べたものです．一方，野生の穀類は，離層（abscission layer）が存在してポロッと剥離しますので，付け根の所は平滑になります．また，栽培された穀類の粒には禾（ノギ：カタカナのノと木を合体させた漢字です）がなくなっており，収穫作業がしやすいようになっています．他の野菜などについても，栽培されるようになった作物は，可食部が肥大するなどの特徴が認められます．

この２枚の絵（図５）は，私がオランダの土産物屋で買ったものですが，すべて，同じ *Brassica oleraceae* に由来する野菜を描いたものです．私たちは，商品として流通しているものを品種（variety），そうでない野生のものや実験用に作り出したものは系統（line）とよんでいます．通常これらはカタカナ表記します．私がこれまで，ムギとかイネとか書いて，麦とか稲などと書かなかったのはそのためです．この図を見ると，驚くべきことに，キャベツもブロッコリーもカリフラワーもメキャベツもコールラビも，学名が *Brassica oleraceae* という同じ先祖種に由来していることがわかります．つまり，昔の人々は，この植物の葉が大きいもの，茎が肥大するもの，脇芽が結球するもの，葉全体が結球するもの，つぼみや花が大きく固まっているものを別々に選び出して，私たちに伝えてくれたわけです．その選抜眼がいかに優れていたかは，私たちがいま，最先端の遺伝子組み換え技術をもってしても，到底これほど優れた植物を作り出せないことからも明らかです．

ちなみに，学名を属名と種名を組み合わせた二名法で表記することを提唱したのは，カール・フォン・リンネ（1707−1778）というスウェーデンの学者です．学名のスペルは必ず斜体（イタリック）にしますので，覚えておいてください．栽培学を勉強するときには，たとえば，コムギなら *Triticum aestivum*，オオムギなら *Hordeum vulgare*，イネなら *Oryza sativa*，というように主な作物の学名と，それぞれの英名（コムギは wheat，オオムギは barey，イネは rice）などになじんでください．少なくても，主な作物については，学名を見たときに，それがどんな作物であるか，おおよそわかっていただきたいと願っています．同時に，それぞれの可食部だけでなく，畑や田圃に生えている全体像もわかるようにしてほしいと思います．学名はラテン語です

図5　*Brassica oleraceae* 由来の野菜

ので，ローマ字読みしていただければ結構です．

私が皆さんにお勧めしたい本に中尾佐助の『栽培植物と農耕の起源』（岩波書店，1966）があります．図6は，その中尾がつくったものです．ニコライ・ヴァヴィロフ（1887─1943）というソ連の研究者が『栽培植物発祥地の研究』で世界の作物の起源地を八つに纏めていますが，中尾はここでは四つを取り上げています．八大起源地については，それがどこで，どんな作物の起源地になっているか，みなさんが各自調べてみてください．ここで注意したいのは，それぞれのところで栽培されるようになった作物が，そこにおける文化を創り出したということです．そして，それらの文化は互いに影響し合い，作物も交換され，伝播していきました．いずれも穀類やイモ類などのデンプン作物，マメ類などのタンパク作物，さらに油糧作物がセットになっていました．油糧作物としては，ヨーロッパではオリーブやアブラナ，アフリカではシアーバターノキやアブラヤシ，アジアではダイズやココヤシ，新大陸ではラッカセイなどが使われました．

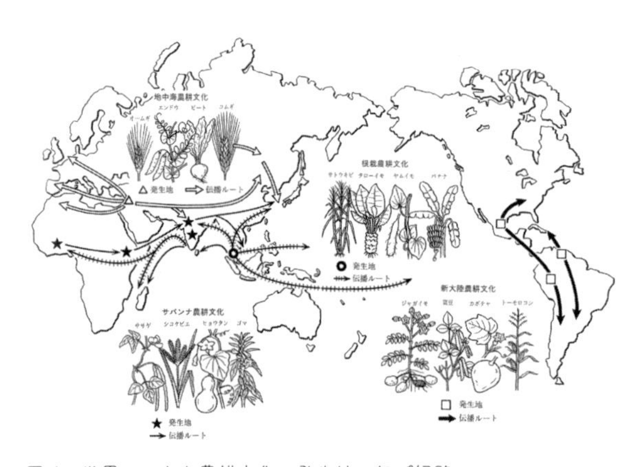

図6　世界のおもな農耕文化の発生地と伝ぱ経路
①東南アジア：高温・湿潤　②メソポタミア：乾燥（かんがい農業）　③西インド・アフリカ：半乾燥　④アメリカ大陸中央部：適温・適湿
（中尾佐助『栽培植物と農耕の起源』岩波新書，1966）

ところで，ある作物の起源地をどのように推定するのかということを疑問に思う人がいると思います．遺跡を調べる場合，地層の放射性同位元素（C^{14}など）の割合などからその遺跡の年代がわかりますので，どのような作物が，どこでいつ頃栽培されていたかを推測することは可能です．しかし，起源地はどのように決めればよいでしょうか．基本的な考え方は，その作物の変異の幅が最も大きい場所を起源地と考えるというやり方です．変異は，英語では variation といいます．どのくらい多様かということなのですが，形態的な特徴である草丈，草姿，葉や花の色や形だけでなく，生理的な特徴である開花の日長反応性（短日で花を咲かせる，長日で花を咲かせる，温度で花が誘導される），ストレス耐性（寒さ，乾燥，暑さなどに対する耐性）などのほか，最近ではもっている酵素の多様性やＤＮＡの塩基配列の多様性などを調査して，起源地の推定をします．形態的な指標のことを descriptor といい，遺伝子配列の指標を gene marker などといったりします．本講はイネの話をしますが，イネの起源地は中国南部からミャンマー辺りと考えられています．この辺には野生のイネもたくさんあります．野生のイネにもウルチ（粳）とモチ（糯）があることが知られています．

脇道に逸れますが，分類学では，科を family，属を genus，種を species といっています．これはそれぞれ英語の familiar（よく知られている），general（一般的な），special（特有な）という形容詞に対応しています．段々，範囲が狭まっていく様子を感じ取っていただければと思います．注意してほしいのは，species（種）は単複同形なのですが，単数の時は sp.，複数の時は spp. と略しますので，覚えておいてください．ページを引用する際に，1ページなら p，複数ページなら pp と略すのと同じです．また，ついでに種（species）と似た概念として，品種（variety）と耕種（cultivar）も覚えてほしいと思います．品種は商品になっている種，耕種は栽培されている種と考えればよいと思います．

いま，生態系や遺伝資源の保全が大切だという主張がなされています．もちろん，生命の一つひとつ，つまり個体のそれぞれがかけがえのない大切な存在であることは当然なのですが，さらに大きな種そのものが絶滅の危機に瀕している場合が少なくありません．それぞれの国や地方に，伝統的に先祖から受け継がれてきた品種というものがあって，それを地方品種とよび，英語では landrace といいます．これに対して野生種は wild species といいます．地方品種は，その土地固有の病気に抵抗性をもっており，人々の嗜好にも合っているという特徴があるのですが，収量では，大抵，現代品種に劣ることが多いため，駆逐されつつあるのが現状です．遺伝資源は，一旦地上から消滅してしまったら，決して取り戻すことができません．遺伝資源が失われることを genetic erosion（遺伝子流失）といっています．いかにして遺伝子流失を食い止めるかということが大切なのですが，この話は，次講，播種と採種を取り上げるときに，少しふれたいと思っています．

ところで，作物の名前を見ると，その伝播経路が推測できることがあります．たとえば，ジャガイモは南米原産ですが，日本にはジャカルタ（昔はジャカトラといっていました）から来たので，ジャカトライモ→ジャガイモとなりました．カボチャはカンボジアから導入されたので，カボチャといいます．サツマイモは鹿児島から拡がったので，サツマイモといいますが，鹿児島ではカライモといっています．カラというのは，外国のことですから，海外から来たイモという意味でしょう．唐も韓国も，日本から見ればカラの国でした．

ここまで，野生植物の作物化について述べてきましたが，野生動物の家畜化についてもふれておきたいと思います．図7は，オランダのファン・クリンケンという知人の本から写させてもらったのですが，地上に生きる動物種の個体数の対数は，おおよそ，その体重の対数と反比例するのだそうです．しかし，ヒトやヒトの庇護が加わると，その生息密度は格段に高くなります．ここではヒトをはじめ，イヌ，ブタ，ヒツジ，ウシなどが家畜化されたために，圧倒的な個体数が地上に生息するようになった様子がわかるかと思います．現在，全世界にヒトは77億人強が存在するのに対して，羊や豚や牛は10億頭ほど，ニワトリは250億羽以上が生存しているのだそうです．しかし，いずれも，ヒトに肉や卵や毛皮を提供するためだけに生かされているのが現状で，共生しているとは，とても言い難いかもしれません．これだけの家畜が大抵は狭いところに閉じ込められて飼育されていますので，家畜由来の病気の蔓延，たとえば，口蹄疫とか狂牛病，鳥インフルエンザも毎年のように問題になっています．いま私たちが苦しんでいる新型コロナウイルスの問題も，このような農業のあり方と無関係とは言えないでしょう．

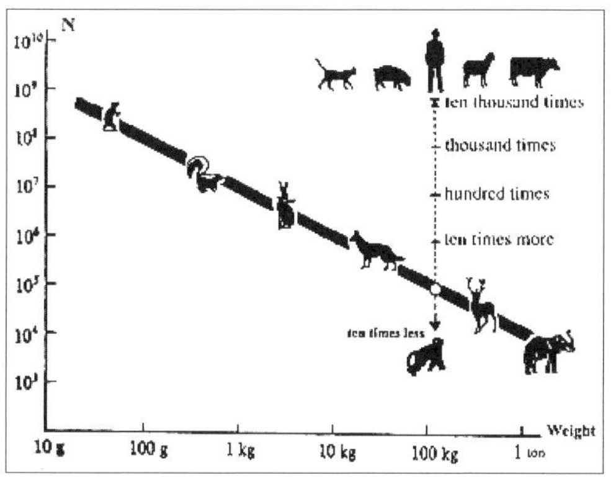

図7　動物の個体数と体重の関係
(In "Sharing the Planet", Johan van Klinken, 2004)

ところで，動物の家畜化は，考古学の知見によれば，植物の作物化に数千年遅れていることがわかっています．いくつかの説がありますが，壁画や遺跡から出土した道具を見ると，追い込み猟が行われるようになったことが，動物飼育のきっかけになったことがわかります．「認知革命」によって，集団で狩りを行うだけのコミュニケーション能力を獲得したヒトは，一度に食べきれない数の動物を捕獲できるようになり，食べきれなかった個体を囲いの中で飼い始めたと想像されます．ただ，イヌだけは，作物の栽培より前から，ヒトと共生するようになっていたことがわかっています．

動物の骨を見て，それが野生のものか，飼育されたものであるかは，いくつかの点で判断できます．1）角や犬歯の矮小化，2）身体の小型化，3）役畜の場合は肩関節などの摩耗や変形，4）随葬，5）若年個体の頻度増加などは，家畜化された証拠と考えられます．5）の高頻度にみられる若年個体というのは，ヒトは生産力が低い大人のオスから食べ始め，繁殖に貢献できるメスや若い個体は将来のために食べずにおくため，たとえば，群れの年齢構成が調べられるような場合は，それが野生の群れか，飼われていたものであるかの判断がつくのです．

家畜化が，その動物にとって幸福なことであったかどうか，あるいは農業を始めることによってヒトが幸せになったかどうかは，まったく別問題です．農業をとおして，ヒトはもちろん，動物も環境も，すべてがお互いにハッピーになることを考えるのが，今後の課題といってよいでしょう．

コリン・タッジという人が『農業は人類の原罪である』（新潮社，2002）という本を書いています．農業をすることになってから，人は一日10時間以上の重労働をするようになり，過酷な労働に起因する様々な病気，体格の後退，集団生活による伝染病のリスク拡大などの大きなデメリットを背負い，自然破壊や動植物の絶滅が加速度的に増してきたことが指摘されています．また，これまでに何度か引用しているユヴァル・ノア・ハラリは，家畜が被った悲劇について，次のように述べています．

> 野生のニワトリの自然な寿命は7～12年ぐらいで，牛の場合は20～25年ほどだ．自然界ではほとんどのニワトリと牛はそれよりずっと前に死んだとはいえ，まずまずの年月を生きる見込みは十分あった．それとは対照的に，家畜化されたニワトリや牛の大多数は，生後数週間から数ヶ月で殺される．経済の視点からはこれまでずっと，殺すにはそれが最適だったからだ（もしオンドリが三ヶ月で体重の上限にすでに達する

のなら，三年もエサをやり続けても仕方ないではないか).

卵を産むメンドリと乳牛と役畜は，何年も殺されずに済むことがある．だが，その代償として，本来の衝動や欲望とは完全に無縁の生活様式に甘んじる羽目になる．たとえば，雄牛にとっては他の雄牛や雌牛とともに，広々とした草原を歩き回る日々を過ごすほうが，鞭を振り回す霊長類の下で荷車や鋤を引くよりも好ましいと考えるのは妥当だろう．

確かにビジネスとしての農業は，効率を高めるために，作物や家畜を，水やエサをインプットすると，果実や肉やミルクをアウトプットしてくれる道具と見なしてしまっています．こういう搾取が，巡り巡って人類そのものを破滅に追いやりかねないということを，私たちは弁える必要があるのではないでしょうか．

しかし，私自身は，それでも農業には希望があると思っています．農業は，最初，生きるための生業として誕生しましたが，やがてビジネスとなって様々な軋轢を生み出すに至りました．私はビジネスとしての農業を，将来，シンボルとしての農業に転換したいと考えています．最初に述べましたように，農業は，教育や医療や福祉と同様，人類が人類として存在するために必要な本質的な営みであり，儲かろうがそうでなかろうが絶対に必要な産業であるがゆえに，この営みをとおして，ヒトが周りの動植物を含む生態系と共存していくための，シンポルにしなければならないと思っています．

宗教改革で有名なマルティン・ルターは「たとい明日，世界が終わろうとも，私は今日タネを植える」と言ったといわれています．危機的な時代において，共存の希望をさし示す農業の役割は，ここにあるといってよいのではないでしょうか．このことは，最終講で，再度考えたいと思っています．

最後に，これまで人類史の中に残されてきた世界の有名な農書を紹介したいと思います．先人たちが，持てる知識を書き記して，次の世代に伝えようとした志を感じていただければと思います．インターネットでもそれなりに検索できます．

ヨーロッパの古代農書

『仕事と日』（ヘシオドス〔ギリシア〕・前700年前後？）

（農事暦の形式で語った教訓詩）

『農業について』（大カトー〔ローマ〕・前2世紀半ば）

（世界最古の農書といわれている．ラティフンディアの経営や農民の儀礼慣習が記されている）

『農業論』（ウァロ〔同〕・全3巻・前37年）

（大カトーの著作を参照しながら，さらに洗練された内容となっている）

『農耕詩』（ウェルギリウス〔同〕・全4巻・前29年頃）

（農業を称賛した教訓的な叙事詩）

『農業論』（コルメラ〔同〕・全12巻・1世紀）

（西洋古代で最も充実した農書．先行文献を紹介しながら自己の経験に基づく見解を盛り込み，家畜の使役や農場管理人の心得など農業経営全体の手引き書となっている．従来の農書で中心的に扱われていたブドウ酒やオリーヴのみならず，小麦の栽培技術についても詳細に述べられている）

『農業論』（パラディウス〔同〕・全4巻・4世紀）

（カレンダー形式の格言にまとめた教科書）

ヨーロッパの近世農書

『農業書』（フィッツハーバート〔英〕・1523年刊）

（ヨーマン〔独立自営農民〕としての農業経験を記しており，「レイ農法」〔牧羊のため耕地を一定期間採草地とする〕についての記載がある）

『農業書』（ヘレスバッハ〔独〕・1570年刊）

（耕地にクローバーなどマメ科植物の牧草を栽培する農法を最初に記載した著作）
『農業経済論』（ヤング〔英〕・1770年刊）
（「適正比例」による大規模集約農場の優越性を主張した）
『合理的農業の原理』（A・D・テーア〔独〕1810年―1812年刊行）
（テーアは近代農学の祖と称されている．「多収・最大利潤」が農学研究の目的と主張した）

イスラム世界の農書
『ナバテア人の農業書』（イブン・ワフシーヤ，10世紀初）
（ギリシア・ローマの農書を基礎とした最初のアラビア語農書）
『考察の喜び』（ワトワート〔カイロ〕，12―13世紀）
（「ナバテア人の農業書」にエジプトの事情を加味した農書）
『簡潔と弁明の書』（イブン・バッサール〔トレド〕，11世紀頃）
（東方イスラム世界の農業を紹介した著作）
『農書』（イブン・アルアッワーム，12世紀半ば）
（イスラム世界の先行農書の要約）
『農業指南書』（カーシム・ハラウィー〔イラン〕，16世紀初）
（野菜・果樹の栽培法を詳述）
『果樹園の輝き』（ハッジ・イブラーヒーム〔トルコ〕）
（果樹栽培について記述した著作）

中国の農書
春秋戦国時代
『神農』（不明・全20篇？）
（諸子百家の農家の著作とされる）
『呂氏春秋』「士容論」・管子「地員篇」

（農業理論を含む，自然科学分野の論説がみられる）

漢－唐時代

『斉民要術』（賈思勰・全 10 巻・北魏〔6 世紀前半〕）

（総合的内容をもつ農書では最古のもの．前代までの農書約 180 種を集大成した大書）

宋－元時代

『農書』（陳敷・全 3 巻・南宋〔1154 年刊〕）

（江南地方の水田農法を初めて本格的に紹介）

『農桑輯要』（勅撰・全 7 巻・元〔1286 年頃〕）

（世祖クビライの勅命により編纂された中国最初の官撰農書）

『農書』（王禎・全 36 巻・元〔1313 年刊〕）

（南北〔華北・華中〕の農法を比較紹介し，農具の図解を収録）

『農桑衣食撮要』（魯明善・全 2 巻・元〔1330 年刊〕）

（農事暦の形式で叙述された実用的な農書）

明・清時代

『沈氏農書』（不明・全 1 巻・明代後期）

（浙江西部地方の農業技術・経営を記述）

『補農書』（張履祥・全 2 巻・明〔1620 年頃刊〕）

（沈氏農書を上巻とし，下巻を加筆）

『農政全書』（徐光啓・全 60 巻・明〔1639 年刊〕）

（古来の農学者の説を総括し，当時導入されたヨーロッパの農業技術も記述）

『授時通考』（勅撰・全 78 巻・清（1747 年刊〕）

（乾隆帝の命により，古今の文献から農事に関する記述を集めて編集）

『農候雑占』（梁章鉅・全 4 巻・清〔1873 年序〕）

（天文・草木魚虫・養蚕などの占験を古文献より抄録した）

日本の農書

戦国時代

『親民鑑月集』（清良記・巻7 / 不明・1564年〔永禄7年〕頃）

（日本最初の農書．伊予の武将・土居清良の生涯を描いた軍記物語中の一巻で，清良の下問に対し重臣松浦宗案が農政について献策する．兵農分離以前の地方小領主の農業経営が語られている）

江戸時代前期・中期

『百姓伝記』（不明・全15巻・1682年〔天和2年〕）

（江戸時代初期〔慶長―延宝年間〕における三河・遠江地方での農業技術の体験的知識をまとめたもの．農具に関する記述を含む）

『会津農書』（佐瀬与次右衛門・全3巻〔本文〕・1684年〔貞享元年〕）

（著者は会津藩の村役人．付録として『歌農書』『幕内農業記』を含む．『歌農書』〔会津歌農書とも〕は，本文の内容を与次右衛門自作の和歌に託して啓蒙的に述べた独創的農書となっている）

『農業全書』（宮崎安貞・全10巻・1697年〔元禄10年〕刊）

（中国の『農政全書』を伝え，自らの経験と見聞に基づき当時の農業先進地であった畿内の多肥集約的農法を紹介．日本最初の総合的農書）

『菜譜』（貝原益軒・全3巻・1704年〔宝永元年〕刊）

（農政全書・本草綱目に依拠し野菜・海草など食用植物の栽培法をまとめた）

『耕稼春秋』（土屋又三郎・全7巻・1707年〔宝永4年〕）

（著者は加賀藩の役人．農業全書の影響のもとにまとめられ，裏作技術を紹介するほか，農具に関する詳細な記述を含む）

『農事遺書』（鹿野小四郎・全5巻・1709年〔宝永6年〕）

（著者は加賀国大聖寺藩領の豪農で十村役．各種作物の栽培法を記述）

『老農類語』（陶山訥庵・全２巻・1722年〔享保７年〕）
（著者は対馬藩郡奉行．農業全書に影響され，領内の老農の口述をもとに当地の農業風土に適した作物・耕作技術をまとめる）
『農術鑑正記』（砂川野水・全２巻・1723年〔享保８年〕）
（阿波の農業技術や村の年中行事などをまとめる）
『耕作噺』（中村喜時・1776年〔安永５年〕頃）
（著者は陸奥国津軽郡の庄屋．寒冷地における稲作について述べる）

江戸時代後期・末期
『私家農業談』（宮永正運・全６巻・1789年〔寛政元年〕）
（著者は越中・加賀藩領の豪農で十村役．農業全書の影響のもとに書かれ，水田雑草についての記述が詳しい）

『農具便利論』（大蔵永常・全３巻・1822年〔文政５年〕刊）
（鍬をはじめとする多くの農具について，寸法・重量も含め詳細に図解）
『広益国産考』（大蔵永常・全８巻・1859年〔安政６年〕刊）
（ハゼノキ・棉・サトウキビ・茶などの工芸作物や加工製品など副業となる約60種類の品目を解説し，特産地の形成を主張した．永常の農学の集大成）
『農具揃』（大坪二市・1865年〔慶応元年〕）
（1月から12月まで各月に使用される農具の説明のほか，年中行事や農村習俗が記載されており，民俗学的記録としても重要）

第2講　稲作技術の変遷

稲作以前

これからしばらく，イネの話を中心に講義を展開していきます．それはイネという植物がとても詳しく研究され，栽培技術が様々に理論化されてきたからです．稲作理論を学んでおけば，野菜や果実など，他のあらゆる作物に応用することが可能です．

とくに日本は瑞穂の国といわれ，歴史的にも稲作がきわめて重要な役割を果たしてきましたので，この点について考察をしておくことも大切だと思います．私見によれば，それは輝かしい歴史であるよりは，むしろ天皇制支配と結びついた苛烈な歴史であったといえるように思います．

古事記や日本書紀によると，天照大神が孫の瓊瓊杵尊（ニニギノミコト）を地上に遣わすにあたって，三種の神器などとともに稲穂を持たせて天孫降臨させたことが書かれています．新しい天皇が即位するときには，必ず大嘗祭が行われますが，これはすべての天皇がニニギノミコトの生まれ変わりであることを示す儀式で，稲穂が用いられます．いまだにこのような神話に基づく儀式に大金がつぎ込まれ，国家行事として行われていることは驚きというほかありませんが，いずれにせよ大嘗祭に如実に示されているように，稲作は天皇制支配と密接に関係しているのです．

ところで，古事記や日本書紀を日本固有の歴史書だと考えている人がいるかもしれません．しかし，記紀は中国や朝鮮半島との交流の中から生まれた歴史書です．古事記は712年，日本書紀は720年に編纂されていますが，これは唐と新羅の連合軍に，高句麗と倭の連合軍が敗れた白村江の戦い（612年）のあと，唐に対して32年ぶりに遣唐使を遣わした際，派遣された粟田真人（あわたのまひと）が自分はかつての倭という国ではなく，新しくできた日本という国から来たという挨拶をしました．おそらく決まりが悪かったのでしょう．そんなことで，国号変更を認めてもらったために，それを説明するための歴史書が書かれる必要がありました．したがって，内容的には日本の歴史なのですが，中国や韓国との関係を軸に話が編集されているようにも読めます．このような経緯は東大教授である加藤陽子の『戦争まで――歴史を決めた交渉と日本の失敗』（朝日出版社，2016）に書かれています．ちなみに，安倍元首相は「令和」という元号を決めるときに『万葉集』を国書といっていましたが，万葉の有名な歌人である山上憶良や額田王，大伴家持，山部赤人などは，いずれも日本人ではなく，朝鮮半島からの渡来人です．当時は，お互いに通訳なしで言葉が通じていたようで，うらやましい限りです．

本講では，まず，前講で紹介した『栽培植物と農耕の起源』を書いた中尾佐助と研究仲間であった佐々木高明の『改訂新版　稲作以前』（洋泉社，2011）から，日本に稲作が伝わる以前のことを学んでおきたいと思います．そのまえに，ちょっとだけ花粉分析の話をしておきます．

花粉分析

前講で，放射性同位元素の比率を調べて地層の年代を推定することが可能だということを書きましたが，いつ頃からイネが栽培されるようになったかを調べる有力な方法に，花粉分析という手段があります．花粉や胞子の外壁は炭素数90の高分子であるスポロポレニンという化学的に極めて強固な物質でできており，塩酸や水酸化ナトリウムなどの強酸や強アルカリで処理しても溶解しません．そこで，湖沼や湿原などにみられる泥炭を，酸・アルカリ・フッ化水素などで処理してから顕微鏡で観察すると，古い時代の花粉や胞子がそのまま残っているのを観察することができるのです．花粉は，種に固有な大きさ，形，模様をもっていますので，花粉を見ればそれがどんな植物なのかが判別できます．つまり，花粉を調べれば，過ぎ去った時代の様々な情報を推測することが可能です．このような花粉分析（パリノロジー）の手法は，ドイツのクリスチャン・ゴットフリート・エーレンベルグ（1795—1876）やハインリッヒ・ロベルト・ゲッペルト（1838—1882）によって開発され，その後，スウェーデンのニルス・グスタフ・ラーゲルハイム（1860—1926）やレナート・フォン・ポスト（1884—1951）らによって確立されました．このようにして土壌中の花粉分布図を作成すると，過去の植生の変遷を量的に解明することができ，それに伴う気候変動も推定できます．さらに，花粉分析は，石油石炭の開発，人類の農耕の起源やそれに伴う植生破壊の状態，過去の環境変化の解析など，私たちにいろいろな情報を与えてくれます．たとえば，塚田松雄が『花粉は語る』（岩波新書，1974）の中で紹介していますが，永久凍土に埋もれているマンモスの歯や胃に残っている花粉を調べることにより，そのマンモスがいつ頃，どの季節に凍り漬けになったのかを推定するようなことも可能であり，また，現代の逸話ですと，衣服や靴底に付着していた花粉が決め手になって，殺人犯が逮捕されたケースもあります．実は，この花粉分析という手段を使うと，いつ頃からイネが栽培されるようになったのかを推測することが可能なのです．

図８は，先ほど紹介した塚田松雄の『花粉は語る』から引用した花粉分布図です．場所は野尻湖です．湖の場合，花粉外壁を分解する酵素が存在せず，良好な形で花粉が残っていることが多いのです．図は，上に行くほど地表つまり現在に近く，下に行くほど過去に遠ざかることになります．

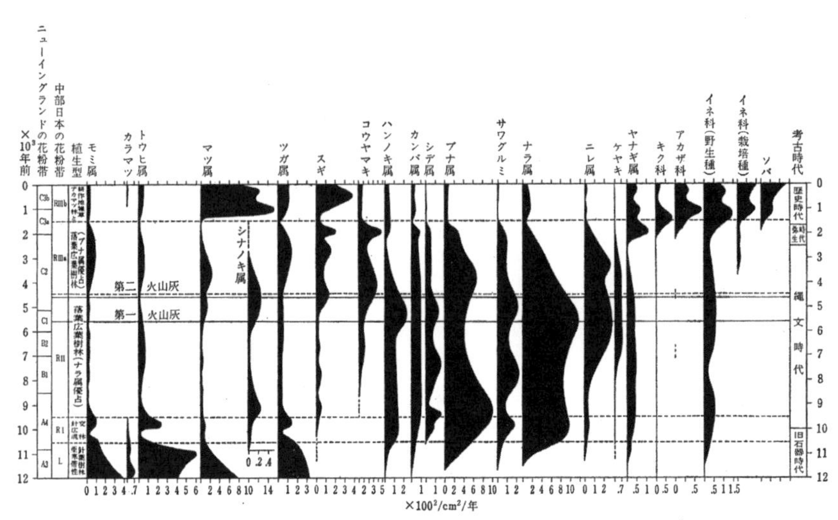

図８　野尻湖の絶対花粉分布図（塚田松雄『花粉は語る』岩波新書，1974）

狩猟採集をしていた人たちが樹木を焼き払って焼き畑をし，その後，イネ科の花粉が増えていることがわかるかと思います．実は，縄文時代にもイネ科作物が作られていたことがわかっていますが，弥生時代になると，その量がずっと増えています．稲作以前には，ナラ属やブナ属など，木の実を実らせる照葉樹の花粉が多く見られることがよくわかると思います．

日本文化とは？

東アジア一帯には稲作以前から広く照葉樹林文化があったと考えられています．日本には，アイヌ，琉球，先島，本州～九州の四つの大きな文化の流れがありました．

先ほども引用しました加藤陽子の『戦争まで』には，以前のヨーロッパの地図には，琉球弧の中に日本が位置付けられているようなものがあったことが紹介されています．日本に存在する生物種の種類，日本語と琉球語の方言の数などを数えてみると，本州よりも圧倒的に沖縄の方が多様性に富んでいることは御存じでしょうか．また，東北の地名などはアイヌ語と共通のものが多く（柳田國男は70％という数字を挙げています），稲作以前の文化を知ることは，日本という国を構成する多様な要素を考察する上で不可欠だと思います．2021年1月13日，麻生大臣が「2000年にわたって同じ民族が，同じ言語で，同じ一つの王朝を保ち続けている国など世界中に日本しかない」と発言して，物議を醸しましたが（当時，当然，日本などという国はありませんでした），稲作以前を考えたことがある人なら，このような発想は生まれようもなかったはずです．以下，しばらく『改訂新版　稲作以前』を参照しながら，述べることにします．

ナラ林帯とブナ林帯

東アジアには長江流域を境に，北に落葉広葉樹林帯（ナラ林帯）と南に常緑の照葉樹林帯（ブナ林帯）が拡がっています．これらは東北アジアや東アジアに共通の文化圏を形成しました．日本の場合，本州の真ん中辺に両者の境界があることを覚えておいてください．ナラ林帯では，東北アジア一帯で，採集，狩猟のほかに漁労が盛んに営まれていました．日本でも北海道のアイヌや東北を中心とした縄文文化に共通の特徴が見られます．私はまだ訪ねたことがないのですが，青森県の三内丸山遺跡が代表的なものと考えられています．インターネットなどで調べてみてください（https://sannaimaruyama.pref.aomori.jp/about/iseki/）．ナラ林帯では，獣皮や樹皮を使った天幕で移動生活が営まれ，後期にはアワやキビ，オオムギなどの栽培が行われるようになりました．縄文時代にも，雑穀やイネの栽培が行われていたことがわかっています．

日本で発達した水田稲作は，照葉樹林文化の中で他の雑穀と同じように栽培が行われる中から展開してきたと考えられています．照葉樹林文化の中心地は中国雲南省からミャンマー，インドのアッサム地域にかけての，いわゆる「東亜半月弧」といわれる地帯で，ジャポニカイネの起源地の辺りです．イネは，大きくアジアイネ（*Oryza sativa*）とアフリカイネ（*Oryza glaberrima*）に二分され，アジアイネはさらに生態型（ecotype）といっていますが，ジャポニカ，ジャヴァニカ，インディカに分けられます．アフリカイネは籾（もみ）に毛が少ないのが特徴です．私たちが普段食べているのは，アジアイネの中でもジャポニカで，粘り気のある丸みを帯びた粒径が特徴で，草丈は高くありません．粘り気があるのはデンプンにアミロペクチンを多く含むことに由来しています．一方，インディカは長粒でパサパサしており，粘り気がなく，箒で掃けるほどです．アミロペクチンは少なく，アミロース含量が高くなっています．日本でも，ピラフやカレーになどに使われています．南アジアではもちろんですが，欧米でもダイエット食品としてバスマティライスが有名になっています．草丈は高く，草姿はがっちりしています．

ジャヴァニカは，最近，ジャポニカに含める向きもありますが，丸みを帯びた大きな粒で，茎の数が少ないのが特徴です．フィリピンにあるIRRI（International Rice Research Institute：国際イネ研究所）では理想型イネの育種を手がけており，なるべく茎が少なく，大粒の籾をたくさんつけるタイプの母本として，ジャヴァニカが利用されています．

一方，アミロースをほとんど含まないのがモチ米です．モチ性はイネだけでなく，オオムギ，アワ，キビ，モロコシ，トウモロコシ，ハトムギなどでも観察され，*waxy* という劣性遺伝子によって発現します．遺伝子の名前は斜体（イタリック）で書くのですが，優性の遺伝子は大文字で，劣性の遺伝子は小文字で書きます．モチ遺伝子は劣性ですので，*waxy* と小文字で書きます．*Waxy* なら優性です．注意が必要なのは，*Waxy* はモチ性を決定する遺伝子という意味で，実際には *Waxy* 遺伝子をもつイネは形質的にはモチではなくてウルチになり，*waxy* をもつイネが形質的にモチになります．モチ性を決めるのは劣性遺伝子ですので，2倍体の植物ならできやすいのですが，たとえばコムギは6倍体ですので，自然にはモチ性品種は存在しません（人為的には作られています）．照葉樹林文化圏ではモチの利用が広く行われ，特にハレの日の儀式に供されるのが特徴です．なお，遺伝子に関して，「優性」「劣性」という用語が優生学的な響きを伴うため「顕性」「潜性」といい換えようとする傾向があることを覚えておいてください．

照葉樹林文化圏では，早い段階からウルシの利用，クズ，ワラビ，ヤマノイモ，ヒガンバナなどのアク抜きによる利用などが行われ，次第に焼畑が盛んになりました．1960年代までは，日本でも焼畑耕作が行われていたところが随分あったようです．麹，納豆などの発酵食品も作られ，やがて水田稲作が卓越するようになっていきました．

縄文文化と弥生文化

縄文文化の基底には落葉広葉樹林文化，弥生文化の基底には照葉樹林文化があり，ドングリやクルミ，カシ，シイ，クス類だけでなく，土器のタイプによってもはっきり分別することが可能です．

縄文文化が成立したのは，いまから12000年位前で，人々は土器を作り，弓矢などの道具を作り，竪穴式の住居に住みました．12000年前というと，気が遠くなるような昔を想像するかもしれませんが，私たちが作り出す原発の核廃棄物のうち，プルトニウムの半減期が24000年ですから，ちょうど縄文時代から今に至るまでの時間の長さの2倍ということになります．現代文明が，次世代どころではなく，日本において遡ることができる人類史の2倍をかけても，やっと半分にしかならない，そういうものを無思慮に作り出そうとしていることは，将来世代に対する重大な犯罪であると考えざるをえません．みなさんはどう考えるでしょうか．

照葉樹林文化，稲作が伝わり，弥生文化が形成されるのは，おおよそ3000年位前のことになります．弥生文化の特徴はかなりインターナショナルな文化であったということです．中国や朝鮮，縄文時代から継承したものから，弥生独自のものまでが混交しており，中国や朝鮮，アイヌや琉球との関係は，今よりずっと友好的であったと思われます．

稲作文化の伝来

大陸からイネがやってきた経路は，図9のようにA，B，Cの三つのルートが考えられています．いずれもそれなりの根拠があり，おそらくすべてのルートが存在したのではないかと思います．いまよりも海峡は狭かったのかもしれませんが，それにしても動力のなかった時代，よくもこれだけの移動ができたものだと驚嘆せざるをえません．しかし，昔の人たちがもっていた，風や海流や天気を読み，舟をつくって操る技術をもってすれば，もしかしたら，それほど大したことではなかったのかもしれません．

その後，日本がすぐに稲作一辺倒になったかというと，そうではありませんでした．稲作文化を象徴する遠賀川式土器の分布をみてみますと，縄文文化を代表する亀ヶ岡式土器の分布圏までは，なかなか浸透しなかったようです．東北を中心とした縄文文化は，かなり充実したもので，豊かな狩猟・採集の生活があったことが想像できます．

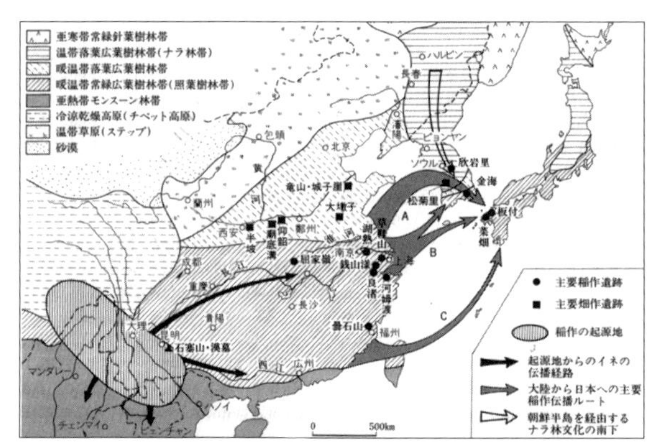

図9　東アジアにおける稲作の展開と日本への稲の伝播
（佐々木高明『日本文化の基層を探る』NHK出版，1998）

稲作技術の変遷

さて，本講で最も注目していただきたいのは，筑波にある「食と農の科学館」（http://www.naro.affrc.go.jp/tarh/floor/museum.html）に掲示されている，図 10 の年表です．農業に関する様々な資料が展示されていますので，ぜひ一度訪ねていただきたいと思っています．

横軸が年代，縦軸が 10 アール当たりの玄米収量を示しています．しっかりした統計があるのは 1884（明治 17）年位からですので，それ以前の数字は，推定値です．まず，奈良時代や平安時代のイネの収量をどのように推定するか，少し説明します．

奈良時代中期に書かれた『律書残篇』という本の中に全国の郷数が 4012 という記録があります．これに『相模国封戸租交易帳』にみられる 1 郷辺りの田畑面積（160.3 町）を掛け合わせ，当時の人口推計で割り算をすると，おおよその収量が出てきます．おそらく 10 アール当たり 100kg ほどであったと考えられます．平安時代については，『和名類聚抄（わみょうるいじゅしょう）』などに出てくる田畑面積をもとに計算します．こうして推計を重ねていくと，奈良時代に 10 アール当たり 100kg 程度だった単位面積当たり収量は，明治になるころには，およそ 2 倍の 200kg/10a 位

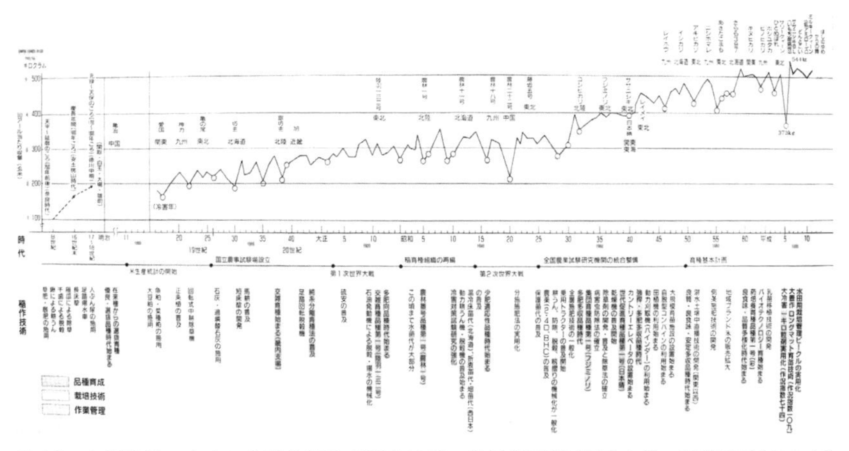

図 10　水稲収量の向上と主要品種及び稲作技術の発展（農研機構「食と農の科学館」展示より）

になっていたことがわかります.

図10には，どの時代にどのような稲作技術が開発されたかが書かれており，栽培に関する技術，道具や機械に関する技術，育種に関する技術に分類されています．江戸時代までに，草肥，厩肥（牛や馬の糞で作った堆肥），鍬や千歯扱き，除草用の雁爪，人糞尿の施用などが行われるようになっていました．化学肥料を発明したユストゥス・ファン・リービッヒ（1803−1873）が，『有機化学の農業および生理学に対する応用』（1840）という本を書いていますが，この本の付録に，マロンによる江戸の農業の詳しい紹介があり，日本人は一滴の人糞尿も無駄にしていないという最大級の賛辞が書かれています．リービッヒの話は，第8講で，もう少し詳しくふれます.

明治政府は，国力を養うために農業振興に力を入れ，東京農大の初代学長となる横井時敬（よこいときよし）などが提唱した帝国農会，県農会などを中心に，農業技術の普及，品種の交換などが盛んに行われるようになります．各地方にあった優良なイネの品種が集められ，選抜育種が行われました．また大豆粕や魚粕，菜種粕などが肥料として普及します.

その後，1894年の日清戦争以降，新しいイネの品種は「愛国」とか「神力」などと名付けられるようになりました．この辺の事情は藤原辰史著『稲の大東亜共栄圏』（吉川弘文館，2012）に詳しく書かれています．農大が徳川育英会育英黌農業科として設立された1891（明治24）年ごろには，正条植が行われるようになり，太一車とよばれる回転式除草機がつくられました．正条植というのは，縦横きれいに植え付けることで，こうして初めて，苗と苗の間に回転式除草機を入れ，腰を曲げずに草取りをすることができるようになりました．その後，リービッヒの無機栄養理論とともに過リン酸石灰が導入されました．植物は，窒素・リン酸・カリをはじめ，無機栄養で育つことが明らかになり，最初に作られたのがリン酸肥料です．肥料の話をするときに詳しく説明しますが，リン鉱石に硫酸を処理すると，植物が吸収しやすい過リン酸石灰を作れます．硫安（硫酸アンモニウム）が導入されるのは，その 20 年後位です．

メンデルの法則に基づく交配育種が行われるようになったのは，1905 年頃です．国立の農事試験場は，農大ができた頃に作られましたが，交配育種によって新品種が登録されるようになったのは約 15 年後の 1920 年頃のことでした．当時農事試験場が育種した品種は，〇〇号という名前になっています（最近は，カタカナの名前が増えていますが）．

さて，前出の折線グラフは山あり谷ありで，それでも右肩上がりに収量が向上していきます．現在は 10 アール当たり収量は 500kg を越しており，奈良時代に比べると 5 倍になっているのですが，それでもまだ，谷の部分，つまりこの折線グラフの〇印がついている冷害の年は収量減少を食い止めることができていません．

1930（昭和 5）年頃と 1934（昭和 9）年頃に連続して冷害の年があったことがわかります．本当にひどい冷害でした．イネは花粉ができる減数分裂期に 17℃以下の日が続くと，障害型冷害といって花粉が不稔になり，受精ができなくて実がみのらなくなる現象が起こります．この頃から，試験場は耐冷性品種の育成に力を入れるようになりました．実は，イネはもともと亜熱帯原産ですから，どうしても冷夏の年は，収量が減少するという宿命を背負っています．みなさんも，宮沢賢治の「雨ニモ負ケズ」を御存じでしょう．「サムサノナツハオロオロアルキ」という一節は，1931（昭和 6）年の冷害を活写したものにほかなりません．章末に掲げておきますので，冷害の状況で書き留めた詩だということを念頭に置きながら，改めて読んでみてください．このときの冷害が一つの契機となって，後日，満洲移民政策が強力に進められていくようになります．

稲作と天皇制

このことに関連して，司馬遼太郎の『街道を行く（3）陸奥のみちほか』（朝日文庫，2008）の解説に次のような記述があります．「東北が水稲農耕文化によって『開拓』されると，かつての豊饒の地は極度の困窮の地と変わり，東北における水田耕作のあらゆる矛盾が集約的な形でこの土地に現れてきた．…(略)…司馬氏はこれらの歴史を前提にして，ほとんど無念の情で歯ぎしりせんばかりに，なぜ『水田農業の権威を否定する』と宣言しなかったか，なぜ『弥生式水田農業を神とする』呪縛から脱しなかったか，とくり返し疑問を発している」．

『近代日本思想の一側面――ナショナリズム・農本主義』（八千代出版，1994）を記した綱澤満昭は「稲作はいったい東北の地に何をもたらしたことになるのか．不可能を可能にするという稲作地拡大は，日本列島すべてを幸福にしたのであろうか．亜熱帯性の植物であるイネが，東北の地に本来適するはずがない．寒冷地であるという一点から考えても稲作が東北の地に不適であるなどということは十分すぎるほどわかっていたことである．わざわざ飢餓の歴史を重ねることがわかっていながら，この北国にあたかも稲作が唯一絶対のものであるかのように強要せしめたのは誰なのか．そしてそれはなにゆえなのか．…（略）…権力者が最も御しやすい対象は農民であった．それも弥生文化がもたらした水田農耕の民である．焼き畑農耕には漂泊性がついて回ったが，水田農耕には良田に仕上げる根気を必要とした．…（略）…王権は定着農耕を絶好の王化手段に選んだ．戸口に編入して定着させる．居住地からの離脱，つまり亡命逃散は，これを罪と見なし処罰する．これによって権力者は，否応なく農民からの年貢を吸収することができたのである」と考察しています．つまり，日本という国が単一民族によって成り立つ「瑞穂の国」であり，天皇の支配のもとに結束してきた世界に類を見ない国家であるという幻想を追求しつつ，徴税・徴兵のための制度として，日清・日露戦争以降，東北の地に水田稲作が強要されていったというのです．その結果，頻々として起こったイネの大冷害により，多くの餓死者が生み出された一方で，やがて東北からの満洲移民が加速され，数多の農民たちが戦場へと駆り立てられることになりました．

河西英通の『東北――つくられた異境』（中公新書，2001）によると，東北地方の人口増加は20世紀になるまでは全国平均並みだったのに，度重なるイネの大凶作と東京を中心とする国内の陸上交通網の発達により，北海道開拓，台湾経営，南満州の開発，韓国の扶植の後塵を拝することになり，「劣った東北」のイメージが定着することになったとのことです．イザベラ・バードの『日本奥地紀行』（平凡社ライブラリー，1880）は，稲作に征服される前の米沢平野の様子を描写して「エデンの園」と賞賛し，「自力で栄えるこの豊沃な大地は，すべて，それを耕作している人々の所有するところのものである．彼らは，ブドウ，イチジク，ザクロの木の下に住み，圧迫のない自由な暮らしをしている．これは圧政に苦しむアジアでは珍しい現象である．……美しさ，勤勉，安楽さに満ちた魅惑的な地域である」と述べ，原始的な生活ではあるけれども，人々が豊かな暮らしをしていたことを注意深く書き残しています．日本武尊，坂上田村麻呂，源頼義，源義家，源頼朝などによって波状的にくり返されてきた東征の歴史は，戊辰戦争以降，天皇制と密接に結びついた東北地域への稲作の強要によって，頂点に達したといえるのではないかと思います．

このような歴史を鑑みるとき，2020年の天皇代替わりの際に行われた大嘗祭は，稲作というシステムを用いて，天皇が今後もこの国を支配していくということの宣言とも解釈できます（ちなみに私は，天皇制という制度が，日本の差別構造の根底にあると考えています）．

外米の輸入

日本における稲作の歴史に関しては，米騒動（1918），朝鮮米や台湾米の移入調整（1934），1939 年の朝鮮大旱魃による外米輸入などについてもふれておきたいのですが，できれば皆さんがご自身で調べてほしいと思います．外米輸入に関して，1939 年と 1940 年の様子を以下に掲げておきます．当時すでに日中戦争に突入しており，太平洋戦争直前の状況です．石黒忠篤という農水大臣の文章です．

十四年度十五年度は幸にして非常に巨額の外國米を佛印，泰，英領印度から輸入をしたのであります．併しながら之を輸入するに當たつて幾多の困難を我々は經來つたのであります．先づ之を買ふ爲に，如何に之を安く手に入れるかといふことに努力しなければならぬ．巨額なる外米を買ふ爲には何億といふ金の塊を外國に拂（はら）はなければならない．其（そ）の金は今彈丸を買ひ鐵（てつ）を買はなければならない．其の金を割いて米を買ふのに廻さなければならぬといふやうな，誠に身を切られるやうな困難があるのであります．幸にそれは商業者諸君の國家に協力して貰つた努力に依つて買い上げ得たのでありますけれども，それを持つて來る爲に，取りに行く船を廻すのにまた非常な困難があるのであります．今日物資の供給が動（やや）もすれば圓滑（えんかつ）を缺（か）くといふやうなことは，戰爭の爲に大陸に向かひ或は南方に向かふ所の船の遣り繰りに如何に困難をして居るか，戰爭必需物資を持つて來るためにどの位の困難をして居るかといふことは推察に難（かた）くないのでありますが，其の上に尚ほ食糧をも多量に載せて持つて來るやうな船の遣り廻しをしなくちやならぬ．それも國民の食糧問題として管船當局（とうきょく）は非常な都合を付けてやつてくれたのであります．併（しか）し其の遣り繰りが付て船積みに出掛けた時に，若（も）しもそれ等の外國米供出の港に於て，之を積み込む苦力（クーリー）の元締をして居る所の，永年力を養ひ來つた支那の華僑の親玉が，首を横に振つてストライキをさしたならば一俵の米も船に積むことが出來ない．南洋の華僑はご承知の通り蔣介石援助の色彩の強い者であります．故に私共局にありました時代，米の買上が出來た，支拂の金も送ることが出來た，船も廻した，にも拘わらず安心は出來ない．船に積み込んだといふ時に於て，始めてそれならば何晝夜かゝつて其の船は内地に着く，故に此處に持つて居る米を順次に配給に繰出しても宜しい．斯ういふ計畫が立つことになるのであります．そこまで來なければ買つた米も些つとも安心が出來ないといふのが外米取引の現狀であります．

さて，こんなに苦労して海外から買ってきた米なのですが，どこにいったのか，私にはわかりません．戦時には，平時の1.5倍位のコメが必要になるのだそうです．海軍が，軍馬用の米を発注していたことが問題にあったこともあります．そして，忘れてはならないのは，日本に米を売らなければならなかったアジアの諸国で深刻な飢饉が惹き起こされたことです．

倉沢愛子は「日本の進出と東南アジアの形成」という論文の中で，日本の占領期からその直後にかけて東南アジア全域で見られた米不足の問題を取り上げ，「数的に見れば東南アジア全域では，戦争状態で外との交易がなくなっても，十分自給できるだけの米の余剰生産力をもっていたはずだった．しかし地域間の移動が機能しなかったために，余って腐るほどの状態だったところがある一方で，無いところでは非常に深刻な飢餓状態であったという米の偏在状態があり，日本の占領地全域に非常に深刻な米不足と，それから波及する混乱をもたらしたと言えるだろう．米の絶対的供給量の減少に加えて，偏在状態が問題を深刻化させたと指摘しておきたい」と述べています．さらに「そして全占領地に当てはまる一番深刻な問題は，日本軍の米穀統制政策がうまく機能しなかったことだろう．これは日本国内の政策を模したものだったが，現地の社会に馴染まなかった．現地自活を強調するあまりに，かなり小さな区域内の米の移動のみが許され，その境を超える自由な移動は禁じられた．すべての余剰米はいったん中央に集め，中央の政策に基づいて不足地域に送る．たとえば，不足地域のすぐ隣に余剰地域があっても，直接の移動が禁止されて送ることができないという効率の悪さがあった．また日本の農業組合をはじめとする組合方式の統制も現地に馴染まず破綻してしまった」ことを指摘しています．その結果，たとえば，ベトナムでは二百万人，インドでは三百五十万人という人々が，餓死に追い込まれました．東京大空襲の研究などで著名な早乙女勝元が『ベトナム“200万人”餓死の記録』という本を書いています．この本にはヴォー・アン・ニン氏が撮影した当時の生々しい写真が何枚も掲げられており，餓死者の人数もさることながら，その強烈なリアリティーに思わず息をのんでしまうほどです．私は，阿鼻叫喚（あびきょうかん）とは，正にこのような状況をいうのではないかと思いました．「一九四五年飢餓の記録」と題された写真集のキャプションを以下にそのまま列挙しておきます．

「何でも食べた，拾ったネズミの死骸さえも」
「まだ若い母親は極度の栄養失調で早産し，赤ん坊は生まれてすぐ死んだ」
「2人の子どもが父親の口に粥を流し込むが，すでに顎が硬直しており，粥は外にこぼれる」
「死にそうなわが子をみつめる父」
「飢えて痩せ細り，歩くのもやっと」
「この子たちの親はみんな死んだ」
「残された子」
「一握りのご飯を分け合う若い女性たち」
「痩せさらばえた青年たち」
「どこへ行ってもこうした光景に出くわした」
「捨てられた腐敗臭のする田螺を食べる人々」
「ナムディン～タイビン間の路上でよくみかけた光景」
「学校に通っていた年頃の少女も生死の淵に」

「家でこの子だけが残った」
「みなし児の群れ」
「無人となった村」
「荒れはてた市場，うち捨てられた家．この村の医者も死んだ」
「路上の人びと」
「ハノイのザップハット集中キャンプ」
「日本軍が護送するコメ運搬車を襲う人びと」
「子どもも大人も死んでいった」
「大人，子ども，老若男女，あらゆる死体が」
「街路で集められた死体は，一か所に乱雑に置かれた」
「運び去る車を待つ死体，死体」
「食べ物を拾いに行った人が行き倒れになっていた」
「死体を牛車にのせ，埋めにいく」
「埋葬」
「3年後に遺骨を洗い浄める」
「埋葬」
「埋葬地の発掘」
「撮影者，ヴォー・アン・ニン氏（写真　市原京子）」

ところで，先に引用した石黒の外米輸入の苦労話の中で，「商業者諸君の國家に協力して貰つた努力」という言葉が出ていましたが，これは主として三井物産のことをさしています．戦時の食糧政策を担った政治家や学者の責任も大きいのですが，戦争の度に肥え太っていく「死の商人」が果たした役割についても，明らかにしなければならないことが山積していると思います．それは，たとえば，現在，スーパーで山積みになっているバナナ，インドネシアの熱帯林を伐採して栽培されるアブラヤシ，児童労働の産物といわれるチョコレートなど，私たちが何気なく口にしたり利用したりするものが，いわゆる途上国の人びとの犠牲に立脚していることと無関係ではありません．

私の反省

東京農大がハノイ農大と姉妹大学になったのを契機に，国際食料情報学部のプロジェクトが企画され，私もはじめてハノイ近郊の紅河デルタや北部の山間地域を訪問する機会に恵まれました．そこで出会ったハノイ農大の先生たちは，同級生がベトナム戦争に従軍して，バタバタと死んでいくさなか，将来を担ってルーマニアやソ連に留学していた人たちで，筋金入りの勉強家でした．ベトナム人は千年以上にわたって中国の侵略を食い止め，フランスの占領に抵抗し，ベトナム戦争でアメリカに勝利し，ユニークな共産主義を維持しつつ，アオザイやフエ料理などに代表されるベトナム固有の文化を発展させています．しかも，反中国，反ヨーロッパ，反アメリカの姿勢を保ちながら，科挙や漢字，箸などの中国文化，フランス料理や西洋建築などのヨーロッパ文化，ジャズやコカコーラなどのカジュアルなアメリカ文化を変幻自在に取り入れており，そのたくましさに敬意を抱かずにはおられませんでした．

私は1986年のドイモイ以降にベトナムで急速に普及するようになったハイブリッドライスについて研究を行いました．当時，ベトナムに大量に流入しはじめていた中国産のハイブリッドライスは，ベトナムの先祖伝来の在来種に比べると，確かに灌漑が十分に確保できる場合には増収をもたらしたのですが，地元の白葉枯病に弱く，低温によって不稔が生じがちで，自家採種した種子を次のシーズンに使えず，また肥料もたくさん必要とするデメリットが大きいことを明らかにしました．さらにハイブリッドライスの食用部分は交配第二世代にあたり，一粒一粒の遺伝組成が斉一でないために，宿命的に味がまずいという特徴をもっています．私は，ハイブリッドライスの危険性を指摘することによって，なにがしか地元の人びとに貢献することができたのではないかと密かに喜んでいたのですが，実は，私が調査を行ったあの場所こそ，かつて，日本の外米輸入の結果，200万人ともいわれる餓死者を出したとされる，その場所だったことに，ごく最近気づかされたのです．200万人といえば，広島の原爆でなくなった人の10倍にもあたる人数です．もちろん，死者の数だけで歴史を語るのは空しいことであり，すべての人の人生が，一つひとつ慕わしく追憶されるべきなのはもちろんです．死は決して集団化されるべきではありません．しかし，かつて日本の米政策の余波によって大量の餓死者を出した，その歴史的な現場に立ちながら，何の痛痒も感じることのできなかった私自身には，そのようなことを指摘する資格はないでしょう．私は今，ただ忸怩たる思いを抱くのみです．せめて，このような過ちを二度とくり返さないという思いを皆さんと共有したいというのが，私の切なる思いなのです．

さて，前出折線グラフの最後の方になりますが，1993（平成5）年の大冷害に注目してください．私が大学院生の時でしたが，当時，大量のタイ米を輸入しました．しかも日本人の口に合わないということで，このとき輸入されたタイ米は，かなりダブついてしまいました．その背景となった1970年以降の減反政策と耕作放棄地の増加についても本来ふれなければなりませんが，ここは皆さんがご自分で調べてみてください．1993年の緊急輸入の量は当初20万トンの予定でした．タイからの加工用が大部分だったのですが，1万5千トンのアメリカからの主食用米も含まれていました．実際の輸入については，日本政府は年度内(94年3月)までに90万トンを輸入することを決め，さらに年の瀬も迫った12月27日になって，1994年の秋までの輸入量が最大で220万トンに達するという数字が食糧庁から発表されました．この大量のコメの緊急輸入は，日本のコメの総需要の約2割以上にものぼり，最終的に政府はアメリカ，中国，タイなどから合計250万トン以上の米を緊急輸入したのです．いまでも日本が凶作になると，海外から米を輸入することになるのですが，せめて，食べる分だけを輸入するようにできればと願わざるをえません．

「田圃にて」

最後に，私がとても惹かれているアンジェロ・モルベッリという画家の「In the Rice Filed」（1901，ボストン美術館所蔵）という絵（図11）を紹介して，本講を閉じたいと思います．イネは，お話ししたように，照葉樹林文化圏に生まれた作物ですが，ヨーロッパやアメリカでも栽培されています．この絵の舞台になっているイタリアでも，1890年代の初頭，米価が暴落し，深刻な農業危機が発生して，稼ぎがもともと不安定だった田植え女たちの生活はいっそう不安定になりました．田植え女たちは，イタリアの南から北に向かって，田植えをしながら移動していく，貧しい出稼ぎ労働者でした．腰を曲げ，水田に映る汚れはて，疲れはてた自分の姿を見つめながら，ひたすら後ずさりしつつ，苗を植えていきます．しかし，その中でも，ふと，姿勢を正し，背筋を伸ばして遠くを眺めている女性に注目せざるをえません．泥にまみれたきつい仕事でも，やがて実りの季節が到来することを見据えつつ，作業を続けていく若い女性のまなざしに，モルベッリは希望を見出したのだと思います．稲作には，また農業には，そのような象徴的な役割があるのだということを，私たちも確認したいと思います．

図11　水田にて
モルベッリ，1901

宮沢賢治は，1896（明治29）年花巻で生まれ，盛岡高等農林学校卒業後，花巻農学校の教師として農村子弟の教育にあたり，多くの詩や童話の創作を続け，30歳の時に農学校を退職，独居生活に入る．羅須地人協会を開き，農民講座を開設，青年たちに農業指導をする．その後，二度病に倒れ，1933（昭和8）年9月21日，37歳の若さで逝去．

雨ニモマケズ
風ニモマケズ
雪ニモ夏ノ暑サニモマケヌ
丈夫ナカラダヲモチ
欲ハナク
決シテ瞋(いか)ラズ
イツモシズカニワラッテヰル
一日ニ玄米四合ト
味噌ト少シノ野菜ヲ食ベ
アラユルコトヲ
ジブンヲカンジョウニ入レズニ
ヨクミキキシワカリ
ソシテワスレズ
野原ノ松ノ林ノ蔭ノ
小サナ萱ブキノ小屋ニヰテ
東ニ病気ノコドモアレバ
行ッテ看病シテヤリ
西ニツカレタ母アレバ
行ッテソノ稲ノ束ヲ負ヒ
南ニ死ニサウナ人アレバ
行ッテコワガラナクテモイイトイヒ
北ニケンクヮヤソショウガアレバ
ツマラナイカラヤメロトイヒ
ヒデリノトキハナミダヲナガシ
サムサノナツハオロオロアルキ
ミンナニデクノボートヨバレ
ホメラレモセズ
クニモサレズ
サウイフモノニ
ワタシハナリタイ

第3講　採種と播種について

希望の象徴としての種まき

人類が農業を始めたのは，いまから1万2千年位前のことでした．土を耕し，種を播き，肥料や水をやり，草を取り，そして収穫をするのは，たとえ順風満帆であったとしても，時間のかかる大変骨の折れる作業でした．まして人々は動物や害虫，他の部族などから作物を守らなければなりませんでしたし，ひでりや冷夏，長雨や猛暑など，自分たちの力が及ばない様々な災害に遭遇した場合は，なすすべもなく立ち尽くしたのではないかと思います．

とくに，人々は種を播くとき，本当は食べてしまいたい収穫物の中から最良のものをとっておき，忍耐しながら種を播いたに違いありません．それは苦しい作業だったはずですが，やがて来たるべき収穫を待ち望む時でもあったでしょう．旧約聖書の詩篇126篇に「涙をもって播くものは，喜びをもって刈り取る」という言葉があります．涙をもって播くけれども，収穫のときには喜びを味わうことができるというハッピーエンドを謳っていると解釈することもできますが，実際にはそううまくはいかないはずです．私は，むしろ涙をもって播くという作業自体が，収穫を待ち望む希望の一部をなしていると考えます．私たちの人生も，苦しいことばかりですが，しかし，それはやがて来たるべき収穫をめざしており，喜びの先取りといえるのではないかと思います．みなで収穫の喜びを分かち合うことをめざしているからこそ，いま，涙をもって播くことに大切な意味を見いだすことができるといえるのではないでしょうか．人類は農業を始めることによって，さまざまな苦悩を招き入れることになったのだと思いますが，それにまさる，喜びや希望といったものをも味わうことができるようになったのだと思います．

さて，種子そのものは，ちょっと見ただけでは，単なる石粒と異なるところがありません．乾燥していて堅く，生命力の片鱗すら感じられません．しかし，このような小さな鉱物的な存在の中に，地球の全生命を支える命の源が凝縮しているという事実は神秘としかいいようがありません．植物が，自らの命と先祖伝来の遺伝素質を種子の中に封じ込め，場合よっては何十年も地中で芽を出すのを待っており，時が満ちて，やがて芽を出してくるさまは，崇高といってもよいでしょう．私たちはそこから，忍耐すること，待ち望む姿勢などを学ぶことができるはずです．一方で，種子は長期間貯蔵でき，運搬も容易であるために，いにしえの時代の巨大帝国を建造する基盤ともなりました．休眠や発芽の仕組みについては，後述することにします．

ジャン・フランソワ・ミレー（1814−1875）は，種まく人の絵を数多く描いています．図12は山梨美術館所蔵のものですが，大股に歩きながら，勢いよく腕を振って種を播いている様子が見事に描かれていると思います．顔は暗くてはっきりしませんが，おそらく，厳しい顔つきではないかと思います．農夫は自分の限界を弁えています．自分にできるのは，

図12　種をまく人，ミレー，1850

図 13　ミレーが撮影した種を播く人
（ミレーのアトリエにて，〔著者撮影〕）

畑を耕して種を播き，力を尽くして管理をすることですが，あとは種子そのもののもつ生命力と自然の恵みに委ねるほかありません．そして，それこそ，人間らしい営みだとミレーは考えたのだと思います．

ミレーが生涯にわたって農民を描き続けたことは，皆さんも御存じだと思います．ただ単に，農民をあわれに思って描いたのではなく，そこに生命の躍動があり，人生のはかなさと喜びを見いだしたのではないでしょうか．ミレーは種を播く動作にこだわり，一所懸命研究していました．図 13 の写真は，バルビゾン地方にあるミレーのアトリエに掲げてあったミレー自身がとった写真なのですが，ミレーの執着心を感じさせる一枚です．前にも引用しましたが，宗教改革者のマルティン・ルター（1483–1546）が「たとい明日，世界が終わろうとも，私は今日タネを植える」という言葉を残したといわれています．「種を播く」という行為は，人類にとって，希望そのものといってもよいでしょう．栽培学を学ぶ上でも，最初の重要な一歩といっていいかもしれません．

遺伝資源保存の大切さ

さて，その種子が，現在，大変な危機の時代を迎えています．石器時代の人たちが農業を始め，野生の植物の中から私たちの生活に利用できる様々な作物を選び出し，連綿と伝承してくれたわけですが，そのような貴重な遺伝資源が，いま，失われようとしています．先祖伝来の人類の遺産であるべき種子が，種苗会社などの一部の人たちの手中に握られようとしているのです．皆さんも，モンサントという会社が作り出した「自殺する種子」について聞いたことがあるのではないでしょうか．モンサントは，種子の中に自殺する遺伝子を組み込み，農家が栽培したときには，採った種を播いても自殺してしまうために，毎回種子を買わなければならないようなシステムを構築しました．モンサントが自社で種子を殖やすときには，この自殺遺伝子が働かないようにする抑制遺伝子を機能させておき，市場に出すときにはこの抑制遺伝子を解除してしまうのです．自殺遺伝子は，英語では terminator gene（ターミネーター・ジーン）といいますが，あまりに悪辣なやり方ですので，2000 年に行われた生物多様性条約締約国会議もターミネーター種子の野外栽培試験や販売の一時停止を求める決議を行いました．

ターミネーター・ジーンほど悪辣ではないにしても，種苗会社が種子を独占してしまうことは，農民にとって死活問題になりかねません．野菜の場合，F1 ハイブリッド種子の利用が盛んになっており，農家が採種して播種しても，次世代は親植物とは違う形質に分離してしまい，均質な作物が育てられないような仕組みになっています．F1 ハイブリッドというのは，違う遺伝子組成をもった父親と母親を掛け合わせた雑種第一代で，両者のうちの優れた形質が発現しますので，肥料や潅水などの条件が確保できれば，高品質で多収量を実現できます．メンデルの法則が普及して以降，交配育種が盛んになり，多くのハイブリッド品種が作り出されましたが，それによって伝統的な地方品種が駆逐される場合があり，そのような現象を遺伝子流失（genetic erosion：ジェネティック・エロージョン）とよんでいます．地方品種の中には，収量では近代品種に劣るものの，現地の病気や環境ストレスに強く，人々の嗜好性にあった貴重な品種が数多くありますので，それらを保全することが人類にとって喫緊の課題となっています．前講でふれたように，一旦，地上から消えてしまえば，遺伝資源は二度と復元することができません．普通種子（normal seeds, ordinary seeds）は，低温で乾燥させれば長期間保存することができ，場合によっては液体窒素中で貯蔵したりもできますが（cryopreservation），難貯蔵種子（recalcitrant seeds）の場合，低温や乾燥に弱く，*in situ* conservationとか，*ex situ* conservationが行われます．*in situ*とか*ex situ*のsituはsituationのsituだと思ってください．いずれもラテン語ですが，*in situ*なら「現地で」，*ex situ*なら「外地で」という感じです．冷蔵庫や試験管（*in vitro*）ではなく，もともとその植物が生えている場所（*in situ*）や適当な場所に移動させたところ（*ex situ*）などで栽培しながら植物体のまま保存します．熱帯果樹には難貯蔵種子が多く，ドリアンやコーヒー，カカオなどの種子は，低温貯蔵ができません．

世界中に存在している遺伝資源を保全しようという試みが，各地の研究機関で行われており，gene bank（遺伝子銀行：ジーンバンク）活動といわれています．CGIAR（Consultative Group on International Agricultural Research：国際農業研究協議グループ）傘下の機関では，たとえば，フィリピンにある国際イネ研究所（IRRI），台湾にある世界野菜研究センター（World Vegetable Center ／ AVRDC），メキシコの国際トウモロコシ・コムギ改良センター（CIMMYT），ベナンのアフリカ稲センター（African Rice Center），コロンビアの国際熱帯農業研究センター（CIAT），ペルーの国際馬鈴薯センター（CIP），国際乾燥地農業研究センター（ICRISAT），ナイジェリアの国際熱帯農業研究所（IITA）などが，それぞれジーンバンク活動を行っています．

旧安倍政権による種子法の廃止

ここで，現在の日本の状況について，皆さんに知っておいていただきたいことがあります．旧安倍政権は2018年4月1日，戦後の日本の食を支えてきた主要農作物種子法を廃止しました．種子法というのは，イネやコムギ，ダイズなど主要穀物の優良な種子の生産について，国と都道府県の責任を定めたもので，1952年5月に公布・施行された法律です．日本では，現在，300品種以上の米が作られていますが，このような多様な米作りが可能になったのは，種子法があったからにほかなりません．戦後，冷害の年も少なからずありましたが，それでも種子がたりなくなるということはありませんでした．なぜこのような重要な法律を廃止したのでしょうか．理由は，公的種子事業を縮小し，民間企業の参入を促進するためとされています．具体的には三井化学によって開発された「みつひかり」，住友化学による「つくばSD」，日本モンサントの「とねのめぐみ」などの普及を促進するためといってよいでしょう．しかし，農業の根幹ともいうべき種子の供給を限られた民間会社が握ってしまうことになれば，零細農家だけでなく，日本の農業そのものの多様性や自由度が狭められてしまう危険があります．世界の潮流は，たとえば2001年に成立した「食料及び農業のための植物遺伝資源に関する国際条約」では，農民の種子に関する権利とそれを守る政府の責任が明記されており，2018年10月30日に採択された「小農と農村で働く人びとの権利に関する国連宣言」では，「土地，水，種子（たね），その他の自然資源へのアクセスが，農村の人びとにとってますます困難になっていることを改めて認識し，生産を可能とする資源へのアクセスの改善と農村の適切な発展（開発）のための投資の重要性を強調」しています．日本における種子法の廃止はこのような世界の潮流に逆行していることを覚えておいてください．

種苗法改正について

また，旧安倍政権は，2020年3月に「種苗法改正案」を提出し，農家が自分で採種したり，苗を作ったりすることを禁止し，種苗会社から購入しなければならない規定を作ろうとしており，まさにいま，議論の俎上に上がっています．故意に違反すると個人の場合懲役10年，ないし1千万円以下の罰金，法人の場合は3億円以下の罰金です．先ほど紹介した，国連宣言と真っ向から対立する内容になっており，私は当然のことながら，反対しています．みなさんもこの議論を注視してください．今回の種苗法改正案は，もともと日本で作られた優良品種が海外に持ち出されるのを防ぐためという名目で作られたものですが，結局，品種を育成したアグリビジネス企業の権利を保護するのが目的で，農家の側は厳しい縛りを課されることになるはずです．農業には，人々の生きる糧を生産するという，損得勘定やビジネスに還元できない大切な使命があります．安倍政権による2018年の種子法の廃止や今回企図されている種苗法の改定が，農家の自由な活動を制限することのないように，願ってやみません．

純系品種とハイブリッド品種

さて，先ほど，F1ハイブリッドの話をしましたが，両親のそれぞれよいところが発現するような現象を雑種強勢（hybrid vigor／heterosis）といいます．さまざまな遺伝子がヘテロ（異質）になり，優性のものが発現するために，優れた個体が出やすくなります．人間でもたとえば，ハンマー投げの室伏広治とか，短距離のケンブリッジ飛鳥とか，野球のダルビッシュ有など，いわゆるハーフ（最近は，ハーフとか混血などという差別語は使わず，ダブルというようです．日本の人口の50人に1人の割合だそうです）の運動選手が活躍していますが，個人的にはこれを雑種強勢といえるかどうかは疑問だと思っています．日本人同士の子どもでも運動ができる人はたくさんいますし，ダブルの人にも運動音痴がいるはずです．実は私自身，国際結婚をしており，娘が一人いるのですが，ヘテロシスを実感することはありません．余談になりますが，私は『国際結婚ハンドブック』という本で国際結婚の手続きなどを覚えたので，もし必要なら，相談に乗ります．たとえば，日本人と中国人が結婚するときには，必ず中国の役所に先に届ける必要があります．中国では，既婚者による二重結婚のチェックが厳しく，日本で先に婚姻届が出ていると既婚者と見做されて，話しがややこしくなります．結婚できる年齢も国によって違いますので，要チェックです．私の場合，妻は韓国人なのですが，たとえばサッカーのワールドカップなどでは，二つのチームを応援できるので楽しみも倍増するのですが，直接対決の時は，かなり気まずくなるので，やはり気を遣います．

さて，種を超えた遠い間柄の個体同士を掛け合わせて生まれた個体は，繁殖能力に劣ることが知られており，このような現象を雑種弱勢（hybrid weakness）といいます．ライオンとヒョウを掛け合わせたレオポンや馬とロバの合いの子のラバは，いずれも繁殖能力を持ちません．他方，植物の場合，遠い掛け合わせで種子（seed）ができない場合でも，胚（embryo）ができることがあります．これを組織培養などで救済して育てることができる場合があり，そのような技術を胚培養（embryo culture）といいます．胚というのは受精卵から分化した未熟な植物体をいいます．たとえば，栽培トマトと野生のトマトを掛け合わせても種子が採れない場合が多いのですが，胚はできることがあり，これを救済して育てることが可能です．野生トマトの耐病性を栽培トマトに導入するようなときに胚培養の技術が役立ちます．

受粉→受精→胚形成→種子形成

受粉（pollination）から受精（fertilization），胚発生（embryo genesis）に至る過程について，説明しておきましょう．まず，anther（葯），stamen（雄しべ），carpel（心皮），meiosis（減数分裂⇔ mitosis 有糸分裂），

pollen（花粉），ovary（子房），ovule（胚珠），sperm cell（精細胞），pollen tube（花粉管），stigma（柱頭），style（花柱），polar nuclei（極核），egg（卵），double fertilization（重複受精），endosperm（胚乳），embryo（胚），seed（種子）などの用語を確認して置いてください．覚えなくても結構ですが，単語を見たときに，「ああ，見たことがあるな」，と思える程度に記憶していただければと思います．覚えられる人は，もちろん，覚えていただいて結構です．人工的に授粉・授精を行うようなときには，手偏がついた漢字を使いますので，注意してください．

まず，双子葉植物（dicotyledonous plants）の胚形成について説明します．双子葉植物というのは，双葉（ふたば）ができる植物で，茎に形成層（cambium）がありますので，肥大することができます．根は直根（tap root）タイプで側根（lateral root）が分岐します．

双子葉植物の受精卵は最初の分裂で不均等になり，その後の細胞分裂によって胚が形成されていくのですが，その様子は精密な設計図によって形作られる芸術作品のようです．すべての細胞は同じ遺伝情報をもっているのですが，自分がどこに位置しているかという位置情報によって，自分がどのような器官あるいは組織になるのかの役割分担を決定し，それにふさわしい遺伝子を発現させていきます．

次に，単子葉植物（monocotyledonous plants）の胚形成について説明しましょう．単子葉植物というのは，イネやトウモロコシ，ヤムイモ，ヤシなどの仲間で，茎や根は肥大しません．ひげ根（fiber root）といわれる細い根が形成される仲間です．イネの胚形成でも位置情報が重視され，受精卵から細胞分裂をくり返されるうちに，三枚の葉と１本の幼根（radicle）が形成され，発芽の準備が行われます．まるで手品をみているような見事な仕組みが存在します．

いくつかの育種メソッド

植物の育種には，選抜育種（selection），交配育種（crossing）のほかに，細胞融合（cell fusion）という技術があり，植物細胞の細胞壁を取り除いたプロトプラストをPEG（ポリエチレングリコール）などで処理して，異種の細胞を合体させることができます．たとえば，トマトとポテトを細胞融合させた「ポマト」では，地上部にトマト，地下部にポテトができますが，いずれも貧弱で，どっちつかずになってしまいます．光合成能力は限られていますから，光合成産物を果実とイモに分配してしまうと，いずれも中途半端になってしまうのは当然です．また，オレンジとカラタチをフュージョンさせた「オレタチ」とか，イネとヒエをフュージョンさせた「ヒネ」というのも報告されていますが，これらは駄洒落のためだけに作られた作物といってよいでしょう．こういう研究にお金をかけるのは，無駄というよりは，生命に対する冒瀆ではないかと私には感じられます．

植物の性と受精のタイプについて

さて，ここから採種（育種といってもよい）のやりかたについて，技術的なことをお話ししていこうと思います．複雑な話になりますので，ゆっくりと整理しながらついてきてください．まず，植物の採種のやり方ですが，自殖する植物（autogamous plant，self-fertilizing plants）と他殖する植物（allogamous plants）では正反対のやり方をしますので，わけて考えましょう．

植物を性のあり方で分けると，1）雄の木と雌の木が別々になっている雌雄異株（しゆういしゅ）（dioecious），2）雄の花と雌の花が別々になっている雌雄異花（雌雄同株：monoecious），3）一つの花に雄しべと雌しべが同居する両性花（bisexual flower，hermaphrodite）に分けられます．雑種強勢の原理を思い出していただければ，雌雄異株であれば，必ず他人と結婚しますので，雑種強勢によって優れた子孫が残せることが理解できると思いますが，他方で結婚のチャンス自体が少なくなるというデメリットがあります．出会いそのものが少なくなってしまうわけです．このようなタイプの植物には，ホウレンソウ，コショウ，イチョウ，アスパラガス，ナツメヤシなどがあります．キウイも雌雄異株で，ときどき「うちのキウイにはさっぱり実がならないけれども肥料のやり方が悪いのでしょうか」というような質問を受けることがあるのですが，大抵は，雄の木だけを植えているようです．

あまり意識していないかもしれませんが，私たちはホウレンソウの場合，雌を食べています．雄は葉が貧弱で，抽薹（薹立ちして花が咲くこと）も早いので，商品価値が下がります．ホウレンソウの場合，恵泉女学園大学の杉山信太郎の研究によれば，男と女にきれいに二分されるのではなく，中間的な数種類の性があるそうです．最近聞くようになったnon-binary（性を男女に二分することに違和感をもつ立場）という言葉がありますが，人間よりも，植物の方がずっと先を行っているように感じます．

ホウレンソウとは逆にアスパラガスの場合は雄の方が可食部が3割ほど多く，雌は種子がばらけて雑草化しやすいため，雄が好まれます．アスパラガスの場合，普通雄（Mm）と雌（mm）を掛け合わせると，次世代の雄雌の比率は親世代と同じでMm：mm＝1：1になりますが，花粉培養によって作出した超雄（Supermale：MM）を用いると，必ず次世代は雄になります．北海道では2002年に「雄次郎」という全雄品種が育成されました．植物の場合，雄×雄という組み合わせでも次世代ができますので，最近になってやっとLGBTに関する議論がなされるようになってきた私たちの状況に比べ，植物は，ずっと先を進んでいるように思えます．

次に同じ木に雄の花と雌の花が咲く雌雄異花というタイプがあります．たとえば，トウモロコシとかキュウリなどを考えていただければと思います．この場合，大抵は雄花と雌花は成熟する時期がずれており，自分同士で結婚する確率は高くありません．トウモロコシの場合では，雄花は高い位置につきますので，花粉は真下の自分の雌花ではなく，他人の雌花につく確率が高くなります．ウリ科の植物は，同じ樹に雄花と雌花がつきますが，ジベレリンを処理すると雄花，エチレンを処理すると雌花が多くなります．マスクメロンは，1本の木に1つの果実しかならせないのですが，13番めの葉のところに実をならせるために，エチレン生成剤を処理したりします．また，キュウリの場合，最初は雄の花が咲き，段々雌の花が多くつくようになるのですが，何番めの花から雌になるかをカウントすると，大気汚染の指標になるといわれています．大気汚染がひどいと空気中のエチレン濃度が高くなり，下の方の花も雌花になりやすい傾向があります．

最後に同じ花に雄しべと雌しべがつく両性花がありますが，両性花にも雌雄異熟といって，雄しべあるいは雌しべのどちらかが先に熟するために，同一の花の花粉によって受粉しにくくなるような仕組みがそなわっています．この仕組みを詳しく調べたのは，進化論で有名なチャールズ・ダーウィン（1809−1882）です．ダーウィンは植物の受精の仕組みを37年間にわたって調べていましたが，「同じ花の花粉による花の受胎を防ぐための，驚くほど見事な機械的な仕掛け」として，雌雄異熟に二つのタイプがあり，花粉が柱頭よりも先に成熟する「雄性先熟」型のほうがより頻繁にみられ，その逆順で成熟する「雌性先熟」型の方がより少数である，と述べています．また，ダーウィンは「胚珠は同じ個体由来の花粉による授粉を全く受け付けないが，同じ種の他個体由来であれば，どの個体の花粉によっても受精されうる」と述べており，現在，分子レヴェルで熱心にその仕組みが探求されている自家不和合性（self incompatibility）という現象についても，はっきりと認識していたことがわかります．自家不和合性はバラ科の果樹やアブラナ科で特に顕著であり，たとえば，ナシ園やリンゴ園で「二十世紀」とか「ふじ」などの同じ品種だけを栽培している場合，他種のナシやリンゴの花粉を人工的に授粉しなければ，果実がなることはありません．果樹農家にとって，この授粉作業は毎日欠かせない重要な仕事であり，バラ科果樹が虫媒であるにもかかわらず職業花粉症が問題となるのはそのためです．このように，植物が，自らの柱頭についた花粉の出自について，それが自らによるのか，他者によるのかを正確に認識する仕組みをもっているということは，驚くべきことです．つまり，植物はDNA鑑定に劣らぬ正確さで，花粉の自他を区別しているわけです．

興味深いことに，この花粉の出自を見分ける識別能力は，花が開いた時に獲得される性質で，つぼみのときには発揮されません．そこで，後に述べるように，育種過程で自殖の種子をつくらなければならない場合，嫌がるつぼみをこじ開けて，むりやり受精させるというようなことが行われます（つぼみ授粉）．またアブラナ科植物の場合，この認識機構は周囲の二酸化炭素濃度が高いと狂ってしまうらしく，自殖種子を得るために二酸化炭素処理を行う場合もあります．自家不和合性の場合，花粉のもつ遺伝子型と雌しべのもつ遺伝子型が一致する場合には花粉は発芽や花粉管の伸長が抑制されますが，遺伝子型が異なる場合は受精することができます．自分自身の花粉で子孫を残すイネやトマト，シロイヌナズナなどの自殖をする植物では，元々存在していた自家不和合性遺伝子が機能喪失して，比較的最近（数万年から数十万年位前）に自家和合性を獲得したことが明らかにされつつあります（土松隆志，2017）．

採種についてⅠ（他殖の植物）

種苗指定制度という制度があり，種子や苗は，それがどんな品種で，発芽率や農薬使用歴がどうなっているかなどを明示しなければなりません．コシヒカリといわれて播いたのに，違う品種だったとか，とちおとめといわれていたのに，違う品種が混じっていたというようなことが起こると，農家にとって，あるいは消費者にとっても命取りになることがあります．したがって，採種にあたっては，品種特性が確実に固定されている必要があります．

まず他殖の植物を交配育種するやり方から見ていきましょう．もともと他殖の植物は，遺伝情報が入り乱れていますので，どういう遺伝組成になっているかがわかりません．したがって交配育種をするにあたっては，まず父親となる個体と母親となる個体をホモ（同型の対立遺伝子をもつ接合体）にしておき，それから掛け合わせを行ってハイブリッドを作るという手順を採ります．他殖の植物でホモの個体を作り出すためには，何度か自殖をくり返す必要があります．自家不和合性をもつ植物の場合は，つぼみ授粉を行います．まだ受精していない処女であることを確認した花について，自花の花粉で交配し，その後，他からの花粉が来ないように袋がけを行い，種子を採ります．こうして父親と母親の優秀な組み合わせを確定し，その都度交配して採った種をF1種子とします．

採種についてⅡ（自殖をする植物）

自殖する植物の場合は，無理矢理他人の花粉で交配をしてから，選抜を行います．交配したあと，選抜を行い，自殖と選抜をくり返して，品種として固定させます．イネを例に挙げて，具体的なやり方を説明してみましょう．

図 14　イネの花の咲く順序
（松島省三・真中多喜夫「水稲幼穂の発育経過とその診断，全茎を対象とした幼穂の発育経過とその基準及び各発育段階の特徴」農業技術協会，1956）

まず，母本となるイネを選び，穂（イネの場合 panicle といいます．ムギの場合は ear です．出穂は heading といいます．頭を出すイメージですね）を太陽に透かしてみますと，すでに受精が終わっているものは，胚乳が黒くなっていますので，はさみで取り除きます．その際，図 14 のようにイネには花の咲く順序が決まっていますので，参照します．図中の数字は何日めに咲いたのかを示しています．一つの穂は約 1 週間かけて開花することがわかります．イネの穂軸（rachis）から出た枝分かれのことを枝梗（しこう）（rachis branch）といいます．図 14 のいちばん先端の枝梗を見ると六つの花（イネの場合，頴花（えいか）といいます）が着いていますが，まず枝梗の一番先端の花が最初に咲き，次に枝梗の基部に戻って先端に向かって咲いていきます．このとき，1 → 3 番めに咲く花（1 日めに咲いた花）を強勢頴花，それ以降に咲く頴花（2 日めに咲いた花）を弱勢頴花といいます．ちなみに，冷害などのストレスに遭遇すると，弱勢頴花は自殺をし，強勢頴花だけが生き残り，全滅を避けるような仕組みが存在します．全滅するよりは，強い花だけを生き残らせるというのが，イネのサバイバル戦略なのです．

受精済みの頴花をすべて取り除いたあと，40℃のお湯に 7 分間，穂を浸します．そうすると，雌しべの方は元気なのですが，花粉はすべてあっけなく死んでしまいます．これを温湯除雄法といいます．人間や動物でいえば去勢にあたり，英語では emasculation といいます．イネでも圧倒的に女性が強いのです．

花粉親については，翌朝早く，穂を集めます．これを水をいれた容器にさして暖かい部屋に置きますと，10時前には花が咲き始めます．イネの花には雄しべが6本，雌しべが1本あります．このとき勢いよく歩いたりすると風によって花粉が飛び散りますので，気をつけてください．

花が咲いたら，昨日除雄した母本となるイネの穂に花粉を振りかけ，念のため，外から花粉が入らないように袋がけをします．これで交配作業は終わりです．

ハイブリッドライスの作り方

日本では，ハイブリッドライスはほとんど作られていませんが，中国やベトナムなどでは，盛んに栽培されています．ハイブリッドライスは収量が多いことは確かなのですが，可食部がF2世代になりますので，遺伝情報がばらばらになっており，一粒一粒の味が均質になりませんので，宿命的にまずく，日本では受け入れられないと思います．以下にハイブリッドライスを作るやり方を説明します．

ハイブリッドライスの場合，いちいち温湯除雄法をやるわけにいきませんので，遺伝的に花粉ができない雄性不稔系統（male sterility line）を母本に用います．系統（line）というのは，品種（variety）と同じ概念ですが，市場に出回っているわけではありませんので，品種といわず，系統といっています．

田圃には花粉親になる背が高く，花粉が飛びやすい系統と，雄性

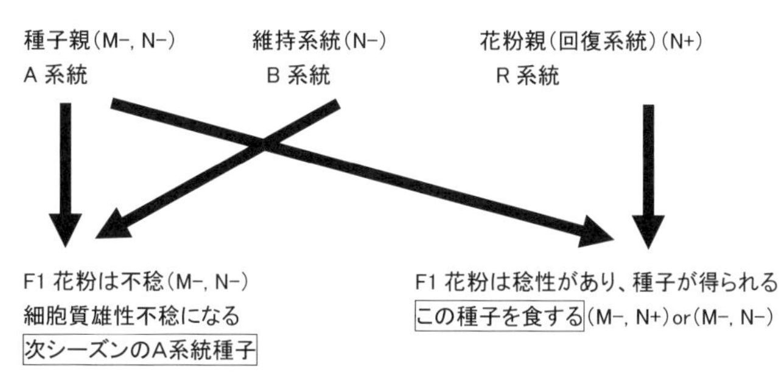

図15　イネの三系交雑法

不稔系統を混植します．両方の系統は同じ時期に開花しなければなりませんので，通常，花粉親になる系統を時期をずらして植えることによって，必ず開花期がオーバーラップするように工夫しなければなりません．図15でAと書いてあるのが収穫用の雄性不稔系統，Rと書いてあるのが花粉を提供する花粉親（稔性回復系統）です．開花期には花粉親の個体を揺すって，花粉を効率よく飛ばすようにして授粉を促します．

さて，ハイブリッドライスの場合，雄性不稔系統（A）と稔性回復系統（R）を使うのだということを理解していただけたかと思います．図15でいうと，左のRと右のAを掛け合わせたものを収穫するということでした．ところで，翌年のことを考えますと，雄性不稔系統（A）を別途，準備しなければならないことに気づかれると思います．雄性不稔系統は，花粉ができませんから，当然そのままでは次世代のAを準備できません．そこで，維持系統という三つめの系統が必要になります．

つまり，図15の真ん中のBを別に育てておいて，AとBを掛け合わせて雄性不稔系統を維持するようなことをしなければなりません．Aが雄性不稔になるのは，細胞質にあるミトコンドリアの遺伝子の作用によっています．細胞質雄性不稔（CMS：cytoplasmic male sterility）といいます．通常は，ミトコンドリアに花粉を作らせない遺伝子があっても核遺伝子がその遺伝子の働きを抑制するために不稔になりません．ところがAの場合，ミトコンドリアに花粉を作らせない遺伝子があり，かつそれを抑える核遺伝子がないために，雄性不稔になってしまいます．文章だけで説明すると複雑になるので，花粉を作らせるミトコンドリアの正常な遺伝子をM+，花粉を作らせないミトコンドリアの遺伝子をM−，花粉を作らせないミトコンドリアの遺伝子を抑制する核遺伝子をN+，それを欠いている遺伝子をN−としてみると，（M−，N−）のときのみ，細胞質雄性不稔が成り立ちます．これはAに相当します．このAを母親として，(N-)の花粉を授粉して交配すると，また次世代は必ず(M-，N-)となって，雄性不稔系統を作ることができます．この(N-)を維持系統とよんでおり，図のBに相当します．注意してほしいのは，掛け合わせの時に，核遺伝子は父親と母親の両方から次世代に伝わりますが，ミトコンドリアを含む細胞質は，母親からしか伝わりませんので，Aを母親とした場合，花粉親がM+であったとしても，次世代のミトコンドリアは必ずM-になるのです．こういうやり方を三系法といいます．詳しい仕組みを調べてみたい人は，https://www.jstage.jst.go.jp/article/jbrewsocjapan1988/83/10/83_10_654/_pdf/-char/ja などを参照してください．

中国では，三系法は面倒ですので，日長や温度によって不稔になったり，正常だったりする系統(環境感応型雄性不稔)を利用しています．つまり，一つの系統を違う環境で育てることによって，雄性不稔にしたり，稔性を持たせたりすることができるのです．ただ，この場合，日長や温度が異常になったりしたときに不稔が生じる不測の事態が起こりえますので注意が必要です．

種苗会社などでは，野菜の採種をするためにさまざまな雄性不稔系統が利用されています．ここでも，雄性不稔系統を維持するための工夫が必要なのですが，説明は省略します．イネの三系交雑法を参照しながら，考えてみてください．

播種のやり方

さて，これまで採種の話をしてきましたが，ここからは播種の話に移ります．みなさんも，何かしら種まきをしたことがあるでしょう．大雑把な目安としては，大体，種子と同じ大きさ位の穴を作って，そこに種を植えます．私の母親が，以前，いくらたってもダイコンの芽が出てこないといって嘆いていたのですが，訊いてみたら，大きなダイコンを作りたいと思って，50cm も穴を掘って埋めたのだそうです．これでは，さすがに芽が出ません．

種子は，暗いところでも重力を感じ取り，地上に向かって芽を出してきます．負の屈地性（negative gravitropism）といわれています．しかし，それも限度があるのは当然で，50cm も埋められてしまったら，さすがに出芽（emergence：地面から芽を出すこと）は難しいでしょう．

播種にあたっては，第一に，生命力の強い，よい種を選ぶことがきわめて重要です．大きく，充実している種子がよいとされています．よい種と悪い種では，その後の生育に，雲泥の差ができてしまいます．

選種法としては，東京農大の初代学長である横井時敬（よこいときよし）が開発した塩水選が優れています．比重が 1.13 位になるような塩水を作り，浮いた軽い籾を除去して，沈んだ充実した籾を種まきに使います．比重 1.13 は生卵が横倒しになる位の比重です．ゆで卵ではありませんので，ご注意ください．ちなみに，福岡に塩水選の記念碑があるのですが，農民ではなく，芸者さんが，自分の身が浮かびますようにという願掛けに来るのだそうです．本当は浮かんだ籾は粃（しいな）なのですが……．アフリカなどでは，種子を空中に投げ上げて，落ちてきた種子を選ぶ風選が行われます．軽くて不稔の種子は，ゴミと一緒に飛ばされてしまい，充実した種子だけが元の場所に落ちてきます．

発芽の三条件

さて，種子が発芽するときには，酸素と温度と水が必要です．この三条件は覚えてください．レタスのように光を好む種子もありますが，ごく稀です．種子は，休眠（dormancy）していることが多く，休眠打破（dormancy break）しなければ発芽（germination）しないケースもあります．種子には通常，デンプンやタンパク質や脂肪が貯蔵物質として蓄えられていますが，先ほどの三条件である酸素と温度と水が整うと，デンプン（starch）を分解して糖（sugar）を作るアミラーゼ（amylase），タンパク質（protein）を分解してアミノ酸（amino acid）を作るプロテアーゼ（protease），脂肪（lipid）を分解して脂肪酸（fatty acid）や有機酸（organic acid）などを作るリパーゼ（lipase）などの酵素が働き，呼吸（respiration）をして，芽や根をつくり，発芽してきます．イネの場合，籾（husk）がついたままだと酸素や水分が遮断され，発芽しません．図16は，私の恩師の太田保夫が行った実験ですが，イネの胚に近いところに穴を空けたり，籾を取り除いたりすると休眠が打破されて発芽が始まる様子を示しています．

区名	処理方法	発芽率
1	対照（籾のまま）	0%
2	玄米	100%
3	外頴除去	60%
4	内頴除去	100%
5	内頴基部に穴を開ける	100%
6	外頴基部に穴を開ける	100%
7	内頴中央部に穴を開ける	20%
8	内頴頂部に穴を開ける	20%

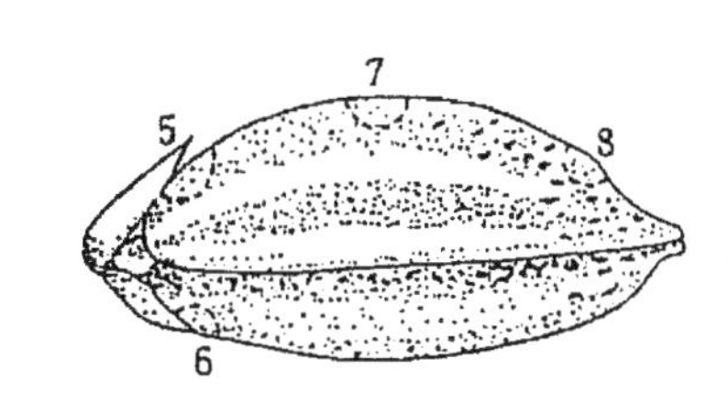

図16　籾殻損傷によるイネ種子の休眠打破（太田保夫「日作紀」1966）

私たちは，コシヒカリという米が美味しいことを知っていますが，実は新米なら，どの品種も遜色なく美味しいのです．しかし時間が経つと，休眠が深いコシヒカリが断然美味しく感じられるようになります．太田の実験を応用すれば，収穫した米を籾のまま貯蔵し，食べるときにいちいち籾摺り（もみすり）をして，その都度精米すれば，いつでも新米のような美味しいお米が食べられることに気がつきます．もし皆さんに機会があったら，是非とも確かめてみてください．

発芽促進法

もともと種皮が硬い作物があって，硬実種子（hard seed）といわれています．みなさんもアサガオやヒマワリでやったことがあるかもしれませんが，硬実の場合，ヤスリや爪切りで傷をつけたり，熱湯や硫酸で処理したりして種皮の吸水性を高めると発芽が促進されることが知られています．休眠という現象は，環境に耐えるための植物の知恵といってよいでしょう．休眠には，硬実のような物理的な原因もありますが，アブシジン酸やフェノール物質などによって発芽にかかわる酵素活性が抑制されているような場合があり，生理的休眠とよんでいます．アブシジン酸やフェノール物質は水溶性ですので，流水中に種子をつけておけば，休眠を打破することが可能です．

種子の発芽過程をもう少し詳しく見てみましょう．酸素，水，温度の三条件が揃うと，種子は吸水を始めます．この過程は物理反応ですので，物理的吸水期（imbibition phase）とよびます．水温が高いと急激に吸水が起こり，細胞にダメージを与える場合がありますので，少し低温で，ゆっくりと吸水させるのが大切です．次にある程度吸水したあとは，発芽準備期（germination preparation phase）といって，アミラーゼやプロテアーゼやリパーゼなどの酵素（enzyme）が働いて，発芽に必要な養分やエネルギーが作り出されます．そして，実際に幼根が種皮を突き破って発芽してくる発芽期（germination phase）に移行します．この発芽過程に処理を加えることを種子処理（seed priming とか seed conditioning，seed pretreatment など）とよんでいます．湿潤と乾燥をくり返すハードニング処理（hardening），KNO_3 や K_2PO_4 などの塩類で施肥効果や浸透圧効果を狙ったり，ネバネバする高浸透圧物質（PEG: ポリエチレングリコールやソルビトール）などを使ったりする方法などがあります．いずれも，種子の物理的吸水と発芽準備は促進しつつ，浸透圧を高めることによって発芽そのものはさせないようにする技術です．このようにして処理した種子は，播種したらすぐに発芽することができ，バラツキも少なく，その後の肥培管理が楽になります．種子処理は老化種子における遺伝子の断裂や細胞膜の劣化などを修復する効果も知られており，とくに環境ストレスの高い地域では有効です．

最後に，安倍政権の種苗法改正とは正反対に，自分たちの手で種を作る試みについて紹介させていただき，本講を閉じたいと思います．いま，有機農業とか，資源循環型農業などといって，なるべく自前の材料を使って農業をしようという動きがありますが，種子を自前で準備するのは，なかなか難しいようです．

この技術は，『現代農業』という雑誌に紹介されていたものですが，買ってきたF1ハイブリッドの種子から育てたトマトを，果実ごと畑に植えます．すると，当然，次世代には，メンデルの法則に従って，さまざまな形質のトマトができてきます．買ったものと同じものは得られないわけですが，このようなことをくり返していくと，トマトは自殖する植物ですので，やがて形質が固定してきます．種苗会社から買う野菜の種子は，農薬や化学肥料を使うと収量や品質が高まるようにできていますが，無農薬，無肥料でもよく育つ品種を自分で選抜して，有機農業用の種子を作ることも可能です．

みなさんもぜひ，挑戦してみていただければと思います．

第４講　健苗育成について

本講では，健苗（けんびょう）育成について学ぶことにします．

みなさんは，「nature and nurture」という英語のことわざを御存じでしょうか．ぜひ辞書を引いてみてください．日本語では「氏と育ち」という訳語が当てられています．前講では，よい種を使うことが栽培をする上で極めて大切なことであること，したがって，すぐれたnatureの種子を採種し，播種するための知識について学んだといえるでしょう．本講は，nurture，つまり，育ちについて学ぶことになります．育苗はnursingといいますが，これはnurseの派生語です，つまり乳を与えて育てることを意味しますので，人間に適用すると「育児」「看護」「乳母」となります．nurseryは農業では「苗床」ですが，人間に使えば，「保育園」とか「育児施設」を意味します．

英語ではｔとｓは入れ替わることが多く，nurtureのｔがｓに変わればnurseとかnurseryという言葉と語源が同じだということがわかります．tionとsionが同じ発音であることは，以前にもふれました．他にもnutrient（栄養素），nutrition（栄養）も語源を同じくしています．この場合は，音転移（metathesis）といってｒとｔが入れ替わっています．nurtureではｒが先でｔがあとですが，nutrientとかnutritionではｔが先でｒがあとになっています．Birdは昔はbridでしたし，askはax，taskはtaxでした．日本語でもよくあることで，「山茶花：さんざか」→「さざんか」，「新（あらた）しい」→「あたらしい」，「分福茶釜（ぶんぶくちゃがま）」→「ぶんぶくちゃまが」，「秋葉原（あきばはら）」→

「あきはばら」など，みなさんも注意していると，いろいろと気づくと思います．

さて，私たちには「生まれ」を選ぶ権利がありません．与えられた氏を生きるのが私たちの使命です．そう考えると，私たちのできることとしては，育児や育苗が大切だということが浮かび上がってくると思います．人間の場合「三つ子の魂百まで」といい，幼いときに受けた躾（しつけ）（身を美しくすると書きます）が，一生涯，その人を形作るといわれます．作物も健苗育成が極めて大切だということは，容易に想像できるのではないでしょうか．

「苗半作」とか「苗七分作」という言葉が昔からあるのですが，これは苗がうまくできるかどうかが，作柄の半分，あるいは7割を決めるのだという金言です．そのくらい，育苗が大切だということをいっているのですが，これは確かにあたっていると思います．育苗で失敗すると，ほぼ取り返しがつかないといっていいでしょう．しかし，人間の場合，「三つ子の魂百まで」はかなりあやしく，ろくでなしの親元ですぐれた子どもが育つこともありますし，その逆も起こります．むしろ私の実感では「親の心子知らず」で，子育てというのは，ほぼ思うようにはいかないものだと感じます．というより，子育てをするだけの力量があるのかということを自問すると，たちまち自信がなくなり，へたに躾や教育などをしない方が子どものためになるのではないか，むしろ「かわいい子には旅をさせよ」で，自分の価値観を押しつけない方が，子どものためになるようにも思えます．自分自身を免責してもらおうと思っているわけではないのですが，子どものもっている自力が引き出されるのは，親の躾によるよりは，寛容さであるように感じているこの頃です．東アジアでは「教育」は「むち」（教の字は鞭で打つことを意味します）をもって育てることを意味しており，それはそれで大切なことだと思いますが，英語の educate が e（外に）＋

ducere（引き出す）ことを含意していることにも，大いに共感をもっています．

そういうことを考えますと，私の講義もそれほど役に立たないかもしれませんが，どこか一箇所でも，皆さんの心に引っかかるものがあり，かりに反面教師という形であっても，皆さんの成長の糧になればと願ってやみません．

育苗で大切なのは，その植物がもっている種としての遺伝形質と個体としての生命力とを十分に発揮させるということです．本講でも主にイネの話をしていきますが，イネの育苗を成功させるためには，イネについてよく知らなければなりません．まず，改めてイネの種子を観察してみましょう．イネの種子は外穎と内穎という二つの頑丈な鎧によって護られています．この鎧が酸素と水を遮断するため，籾殻がついている場合は，休眠から醒めにくくなります．籾殻に穴を空けると休眠が打破されることは，前講でふれました．籾殻の内部には，胚芽（embryo）と胚乳（endosperm）があります．胚芽は，通常，精米過程で除去されていますが，胚芽米の場合は残っています．胚芽には3枚の葉と一つの幼根が仕舞われています．3枚の葉というのがとても大切なので，覚えておいてください．つまり，葉が3枚あると植物は自立できるのです．2枚の葉では根と自分自身を支えるので精いっぱいですが3枚あると穂を出すことができるようになります．胚芽に3枚分の葉が準備されているというのは，自分で光合成をして独立するための道筋がつけられているということを意味します．

一方，私たちが通常食べている，いわゆる白米は，胚乳の部分であり，これはいわば，お母さんが子どものために用意したお弁当です．胚乳は胚芽の中の3枚の葉が展開する頃まで残っています．3枚の葉が展開すると，めでたく乳離れということになります．あとでイネの苗の種類の話をしますが，まだ胚乳が残っている段階の苗を乳苗，乳離れした小さい苗を稚苗，もう少し大きくなった苗を中苗，十分大きくなった苗を成苗といいます．乳苗，稚苗は，人間なら，乳児，幼稚園児という感じでしょうか．

苗のことを，英語ではseedlingといいます．lingは小さいもの，かわいらしいものにつける指小辞で，darling（かわいい人，最愛の人），duckling（アヒルの子），nestling（ひな鳥），nursling（乳児）などがあります．ちなみにletとかkinも同じ仲間の指小辞です．leaflet（リーフレット），starlet（スターレット：小さな星），cutlet（カツレツ），omelet（オムレツ），manikin（マネキン：小さい人），napkin（ナプキン：小さな布）などを確認してください．

イネの種は播種後，通常は，まず芽を出し，根を出します．最初に出る葉を鞘葉（coleoptile）といいます．イネのような単子葉植物の葉は，通常，光合成をする葉身（leaf blade）と葉鞘（leaf sheath）の二つのパーツからなっていますが，鞘葉には葉身がありません．次に出てくる二番めの葉も葉身がなく，不完全葉とよばれています．そして，やっと三番めの葉で葉身と葉鞘をもった一人前の葉が展開します．

種子は，暗い土の中でも重力を感知でき，芽は上に向かって，根は下に向かって伸びていきます．正常なイネの場合，図17の左の個体のように，まず根が出てから芽が伸びていきます．真ん中の個体は，3cmの深さに播かれたものですが，鞘葉と種子の間にある中胚軸（mesocoltyl）を徒長させて地上部に顔を出してきます．酸素分圧が下がり，土の圧力によってストレスがかかると，エチレンとかアブシジン酸というような植物ホルモン

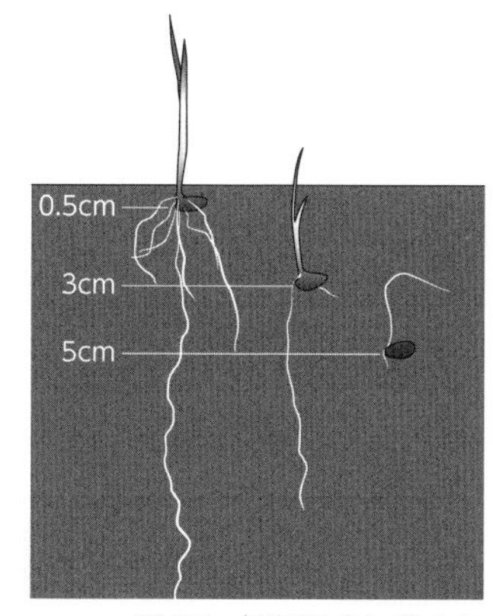

図17　播種深度と苗立ち

が作られ，中胚軸が伸びることがわかっています．しかし，一番右の個体のように，地中深くに播種されると，酸素分圧が低くなり，根を伸ばすための養分を芽にまわして全力で地上に顔を出そうとするのですが，途中で力尽きてしまいます．適度な播種深度が大切だということが，この図からもよく理解できるのではないでしょうか．

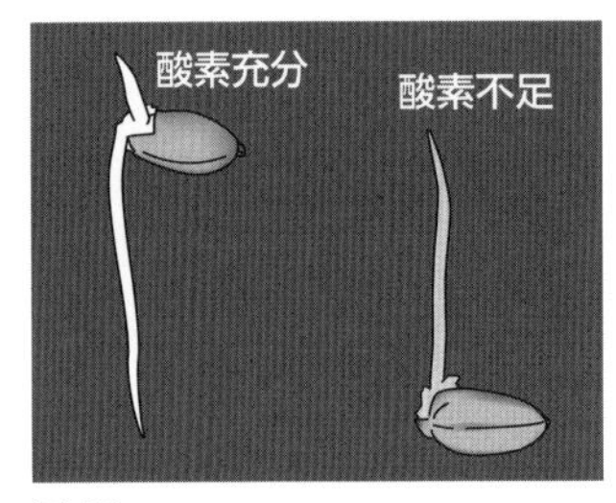

図 18

図 18 は，先ほどと似ていますが，酸素分圧を変えて発芽させたイネの苗です．通常の大気下ですと，まず根が出て，それから芽を伸ばすのですが，酸素分圧が低い場合，種子は自分が深いところに植えられたと自覚して，根はほとんど伸ばさず，先に芽を出して早く地上に顔を出して息を吸おうと試みます．

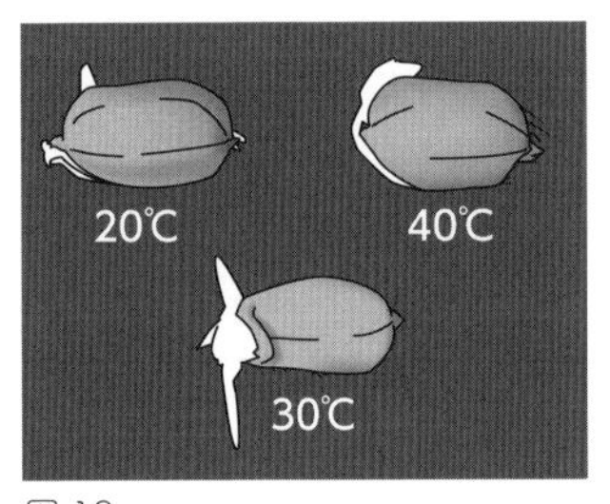

図 19

一方，図 19 は，温度と発芽速度の関係を示したものです．前講でお話ししましたが，種子が発芽するときは，物理的吸水期，発芽準備期，発芽期という 3 ステップを踏みます．30℃，40℃の場合，物理的吸水が急速に起こるのですが，40℃だと発芽準備期で酵素の働きが悪く（酵素はタンパク質なので，40℃以上では失活します），発芽が不十分になります．一方，20℃の場合，物理的吸水がゆっくりのため，発芽には時間がかかりますが，時間をかけてしっかり準備をしますので，充実した苗になります．水温が低いほど，物理的吸水に時間がかかりますが，最終的な吸水量は温度が低い方が多くなることがわかっており，少し低めの温度でゆっくり吸水をさせる方がよいことがわかっています．

イネの場合，まず，選種（seed selection）をします．前講でお話しした塩水選です．比重は 1.13 くらい（生卵が横倒しになる濃度）で沈んだ充実した種子を使います．塩はびっくりするくらいたくさん使います．選種後，しっかりと塩水を洗い流します．その後，種子伝染性病害といって，種子をとおして次世代に伝播される病気を防ぐために，ベンレートなどで殺菌をします．有機栽培で農薬を使わない場合は，温湯消毒や食酢を使います．イネの場合，温湯消毒は60℃のお湯に10分処理し，続けて50倍希釈した32℃の食酢に24時間浸漬させて催芽すると有効とのことです．ただし，食酢は5%以上の濃度になると苗立ち率が低下しますので（苗に酸の障害が出る），注意が必要です．

くり返しになりますが，塩水選は農大の初代学長，横井時敬の発案でした．横井は熊本の士族出身で，頑固一徹な人でした．明治の近代農学の確立，農会や協同組合の設立などに多大な影響を及ぼした人でした．一方で農業による富国強兵を強力に推進した人でもあり，日清・日露戦争にあたっては，「農業者が多い故に今日は戦争のし時で，梅干と握り飯でやれる中にやらなくては損である」などと述べ，農民の命を軽視していた側面もあります．もちろん，学者としては，才気溢れる人だったと思います．

さて，それではどのような苗が健苗といえるのでしょうか．稚苗を例にとって，よい苗と悪い苗について，箇条書きにしてみます．

よい稚苗

1）発芽後20日（葉齢3.2～3.3）で草丈はおよそ12cmほど

2）葉身の幅が広く，色はうす緑色，太刀のようなかたち

3）茎が太く，がっしりしている

4）鞘葉は1cm程度

5）中胚軸は短い

6）籾の胚乳が5～8%程度残っている

7）種子根と5本の冠根が伸び，先端はとぐろを巻く

8）根は太く，色は白い

悪い稚苗

1）発芽後20日で，草丈が10cm以下，あるいは15cm以上のもの

2）葉身が細く，垂れ下がっている

3）茎が細い

4）中胚軸が徒長している（5mmから1cmになることもある）

5）胚乳が残っていない

6）根が短く，本数が少ない，変色したり，腐ったりしている

もちろん，細かく覚える必要はなく，感覚的に，あるいは直感的に，見て感じていただければよいと思います．大雑把に言えば，苗は徒長（とちょう）（ひょろひょろ伸びること）せず，ずんぐりしていて，葉は太くて垂れ下がらず，中胚軸（メソコチル）が短く，根は数が多く，太いのがよい苗です．

さて，苗は成長度合いによって，乳苗，稚苗，中苗，成苗に分けられるということにふれましたが，ここでそれぞれの特徴も含め，少し詳しく解説したいと思います．

表1を見てください．左に乳苗，稚苗，中苗，成苗の別があり，葉

表1　水稲苗の種類と特性

苗の種類	葉齢*	草丈	苗乾物重	胚乳残存率	播種量／箱	育苗日数(日)
乳苗	1.8-2.5	7-8 cm	4-6 mg	40-60 %	200-250g	5-7
稚苗	3.0-3.5	8-15 cm	10-20 mg	5-10 %	150-200 g	15-20
中苗	4.1-5.5	10-20 cm	20-30 mg	0 %	80-120 g	30-35
成苗	5.0-6.0	10-20 cm	30-50 mg	0 %	40-60 g	35-50

*葉齢は不完全葉を第一葉とする

（星川清親『イラスト・みんなの農業教室　水稲の育苗』家の光協会，1987）

齢（leaf age），草丈（plant height），苗乾物重（seedling dry weight），胚乳残存率（endosperm remaining rate），播種量（seeding density），育苗日数（nursing duration）の具体的なめやすとなる数字が出ています．

植物の年齢は，大きな木の場合は年輪で調べます．イネの場合は葉齢で示します．二番めに出てくる不完全葉を第一葉と数え，小数点第一位までの数字で示します．三番めに出てくる葉を第一葉とするケースもありますので，注意してください．葉齢の計算の仕方ですが，大雑把にいうと，次に出てくる葉は，その前の葉にくらべて1.5倍ほどの長さ（葉長）になりますので，たとえば，n番めの葉の次の葉（n+1番めの葉）がn番めと同じ位の長さになっているとしますと，n+1番めの葉は1.0/1.5 = 0.666…枚分出葉していることになりますので，このイネの葉齢はn.7とします．葉齢は実際には葉の数を表しますが，概念としてはageを示すものです．

さて，乳苗の葉齢は1.8～2.5，稚苗の葉齢は3.0～3.5，中苗の葉齢は4.1～5.5，成苗の葉齢は5.0～6.0となっています．2.5～3.0の間と3.5～4.1の間がどうなっているのかとか，5.0～5.5の間がかぶっているではないかなどという不満の声が聞こえてきそうですが，その辺は大目に見てください．適当で構わないのです．

ここで注目してほしいのは，胚乳残存率です．乳苗は名前のとおりまだ乳離れができておらず，胚乳が半分位残っています．稚苗になると5～10％の残存率です．なぜ，胚乳が大切かといいますと，胚乳があるおかげで，光合成が不十分でも生きていけるからです．

表2を見てください．この表は苗の種類と活着可能な限界低温を示しています．活着というのは，移植をした後，そこに落ち着いて根を出すことをいいます．英語ではrootingです．この表を見ると，成苗の

表2　苗の種類と活着可能低限温度

苗の種類	葉齢*	育苗条件	低限温度（℃）
成苗	6.5	水苗代苗	15.5
成苗	6.5	保温折衷苗代苗	14.5
成苗	6.2	畑苗代苗	13.5
中苗	5.5	無加温	13.5
中苗	5.0	無加温	13.5
稚苗	3.2	加温	12.5
乳苗	1.4	加温	12.0

*葉齢は不完全葉を第一葉とする

（星川清親『イラスト・みんなの農業教室　水稲の育苗』家の光協会，1987）

場合は15℃程度，中苗の場合は13.5℃程度が限界なのに対し，稚苗は12.5℃に耐え，乳苗に至っては12.0℃でも生き残れることがわかります．つまり，苗の低温耐性（cold tolerance）には，胚乳の残存率が大きく関与しているのです．胚乳が残っていれば，低温で光合成ができなくても，しばらく生きのびることができるわけです．したがって，北海道や東北では，なるべく早く田植えをして，少しでも長い期間，田圃で光合成をさせる必要がありますので，乳苗や稚苗を田植えします．一方，九州や四国など，温暖な地域では，寒さに耐えることよりも，雑草との競合に打ち勝つことが課題になりますので，中苗や成苗を移植します．

さて，苗床には冷床と温床があります．冷床は温度制御をしない苗床で，温床は温度をかける苗床です．温度をかけるには，電熱線を利用したり，温泉熱を利用したりすることが考えられますが，日本では古来「踏込温床」が利用されてきました．これは堆肥が発酵するときの熱を利用した苗床です．

まず，苗床をしっかり殺菌・消毒します．ビニールシートを張って太陽熱で土壌消毒をする場合，あるいはクロロピクリンなどを使う場合があります．そのあと堆肥など発酵材料を入れ，水を注ぎます．その上に床土を入れて，播種をします．

表2の育苗条件の欄に，水苗代苗，保温折衷苗代苗，畑苗代苗の別があり，水苗代で作った苗よりも，畑苗代で作った苗の方が低温に耐えるというデータが示されています．

実際の水苗と畑苗の発根の違いを観察してみますと，水苗の方が根は長いのですが，本数や根量は，畑苗の方がずっと多いことがわかります．

さて，保温折衷苗代というのは冷床で，宮沢賢治が「雨ニモ負ケズ」を書いた1931（昭和6）年の大冷害の年，長野県軽井沢の荻原豊次によって考案されました．農業共済新聞に西尾敏彦氏が紹介している誕生秘話を，以下に転載してみましょう．

> 「わたしは物好きだから」と，荻原はいつも謙遜していたそうな．その物好きが大発明につながった．近隣の水田を見回るうちに，同じ品種でも早植ほど冷害に強く稔りがよいことに気がついたからである．
>
> そこで翌昭和7年の春，たまたま野菜苗の温床に紛れて生えていた稲苗を試しに田に植えてみたところ，穂の出が早く，稔りもよかった．
>
> 苗さえ早植できれば，冷害に強く，多収にもなる．自信を得た荻原は保温育苗の工夫をはじめた．最初は野菜同様に温床で育苗していたが，さらに工夫を重ね，昭和17年には独自の育苗法をつくることができた．
>
> 水田に苗床をつくり，芽出し種子を床面にすり込む．焼籾殻を厚めにかぶせ，その上を油紙で被覆し，周囲を泥でおさえる．
>
> 播種直後は通気をよくするため，溝だけに湛水するが，苗が伸びたら床面まで水位を上げる．2週間ほどして，苗が紙を持ち上げるようになったら油紙を除く．のちに，保温折衷苗代と名づけられた育苗法である．

昭和18年の春，荻原はたまたま巡回指導にきた長野県農試の岡村勝政技師に会った.「軽井沢の実演を終わってから，荻原豊次さんからきいた苗作りは面白いと思った．いろいろ苦心談をきいたり，方法論の実際から成績まで突込んで尋ねた.」と岡村は回想する.

岡村のいた原村試験地は八ヶ岳の西麓にある．標高1000メートルの高冷地で，低温のため農家はいつも苗つくりに苦労していた.

よい苗を得ることは，彼にとっても最重要課題だったのである．早速，油紙の比較・播種量・育苗時期などの試験が試みられた．精農の技術が科学で裏づけされていった.

戦後，保温折衷苗代は農林省に取り上げられる．岡村の研究が全国に紹介され，さらに改良されて広まっていった．昭和30年代前半の最盛期には全国で54万ヘクタール，全水田面積の6分の1に普及していた.

保温折衷苗代の最大の功績は，早植の効果を最初に実証してみせてくれたところにある．1か月以上の早植によって，以後，寒冷地の稲作は安定的な高収を上げるようになっていく．暖地の早期栽培のきっかけにもなった.

保温折衷苗代によって，日本の稲作の重心は北に大きく移動したといっても過言ではないだろう．この革新技術も，その後ビニール苗代に代わり，さらに室内育苗の普及とともに今では忘れ去られようとしているが」.

岡村技師はこのとき，傘屋に行ってどういう油紙が有効かを検討するほど熱心に技術開発に取り組んだと伝えられています．苗代に種を播き，厚めに籾殻燻炭を敷き詰めて，ビニールをかぶせます．籾殻燻炭は極めて細かい多孔質の穴が空いていて，断熱材としての効果を発揮します.

つぎに，室内育苗器について説明しましょう．室内育苗器はやはり長野県の技師，松田順次によって1957（昭和32）年に考案されました．松田は長野県農試飯山試験地の技師で，当時確認されていた早植えの効果を社会実装するための技術開発に没頭していました．飯山は雪が深いので，田植えはどうしても6月になってしまいます．雪の中でどのようにすれば育苗できるのかを考え，当時盛んだった養蚕の技術を転用して作ったのが，室内育苗器です．当時は，大きく育てた健苗を田植えするのが常道になっていましたので，彼が主張した室内育苗器で育てた稚苗の移植は，なかなか周囲の研究者たちの理解をえませんでした．しかし，松田が主催していた早植研究会のメンバーは，室内育苗した稚苗を用いることによって，1石（150kg）の増収に結びつき，やがてこの技術は田植機による稚苗の移植技術となって実を結ぶことになりました．松田が開発した室内育苗器は，養蚕棚によく似ています．

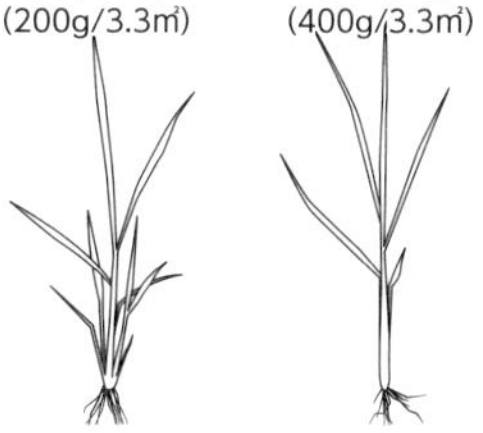

つぎに，播種密度について，説明をします．図20はうすまき（栽植密度が低い）の苗とあつまき（栽植密度が高い）の苗を比較したものです．少し前に説明したよい苗と悪い苗の特徴を思い出していただきたいのですが，うすまきにした方が，断然よい苗になることがわかると思います．ただ，うすまきにすると同じ量の苗を育てるのに広い場所が必要になるという欠点があります．あつまきで密植しすぎてしまうと，苗がお互いに水分や養分を取り合うことになり，また受光態勢が不十分になるため，上に上に伸びようとして徒長しがちです．

図20

ところで，苗の素質を向上させる有力な方法として，接触刺激を加えるやり方があります．イネの苗の場合，ローラーで踏みつけ，刺激を加えたりします．そうすると，ずんぐりとした頑丈な苗になるのです．接触刺激を加えるとエチレンというホルモンが生成し，細胞の骨格を形成する繊維がランダムに配置されることになり，一つひとつの細胞が縦方向へ成長するのが抑制され，全体としてずんぐりした体型になります．こういう現象を接触形態形成（thigmomorphogenesis）とよびます．たとえば，アスファルトを突き破ってくる植物がありますが，頭を押さえつけられるとやはりエチレンが生成し，成長点部分にフックが形成され，茎が太くなり，土やアスファルトをはねのけて地上に出てくる程の力を発揮します．

接触形態形成については，麦踏みが有名です．ムギは踏まれると，エチレンを出して，より茎を太くして起き上がってきます．私の後輩が大学院で麦踏みの研究をしたのですが，彼女の研究の結果，踏まれたムギは葉の裏に観察される気孔が小型化して数がずっと多くなることがわかりました．小さい気孔がたくさんできますと，気孔の開け閉めを微調整できるようになりますので，気候変動に対応しやすくなります．ムギの場合，一旦踏まれた後，7 枚の葉が展開するまで，気孔が多くなり，エチレンが多く生成します．このように植物は，踏まれた記憶をしばらく持ち続けるのですが，どうしてそのような記憶が成り立つのかは，よくわかりません．エチレン生成量が増えるのは，ACC（アミノシクロプロパンカルボン酸）というエチレンの前駆物質を作る酵素が活性化するからだと予想されますが，あまり調べられていないようです．

ちなみに私の後輩というのは，都会出身の女子学生で麦踏みなどしたことがなく（私も経験がありませんでしたが），指導教授に明日麦踏みをするように言い渡され，威厳のある怖い教授でしたので，どうやってやればよいのかなど訊くに訊かれず，とりあえず，畑でムギを踏んできたのですが，本当は底の平らなスニーカーのような靴でそっと踏まなければならないのに，ハイヒールでメタメタにムギを踏みつけてしまい，大目玉を食らいました．人間でもムギでも，「かわいい子には旅をさせよ」ということで，きびしめに躾をすることは大切なのですが，立ち直れないくらい虐待してしまっては，教育的効果は見込まれません．愛情を込めて踏むことが大切です．

ムギの場合は畑にまいてから踏まなければならないので，人が踏むことになるのですが，イネの場合は苗代で刺激を与えればよいので，ローラーを使うことも可能です．接触刺激を与えると，葉も厚くなり，表面のガラス質（ケイ素）が増えて，病原菌の侵入も少なくなるといわれています．

すでに説明しましたが，麦踏みによって苗がずんぐり型になるのは，エチレンの作用であるといわれています．エチレンを利用した育苗技術としては，斜め差しという技術があります．植物は斜めにしておくと，大体４時間位経って，自分の姿勢がおかしいことに気づき，エチレンを出し始めて起き上がろうとします．茎が太くなり，風が吹いても倒れにくくなり，乾燥や低温など，様々なストレスに対して抵抗性が増すことが知られています．

北海道ではテンサイ（砂糖ダイコン）を育苗する際，毎日箒で地上部を撫でる作業が行われます．テンサイの苗は箒で頭を撫でられると地上部の生育が抑制される一方で，地下部の生育は促進され，糖度の高い立派な根が作られるようになります．また，イネの場合，昔から，「露払い」といって，朝早く起きてイネの葉についた露を払うと増収に結びつくといわれていましたが，これも接触刺激によって生成したエチレンによってストレス耐性や耐病性が向上するからだと考えられます．

接触刺激を応用した技術は，たとえば，キク農家が花の高さをそろえ，花芽誘導するためにも用いられています．私の師匠はこのような接触刺激を利用した作物の生育制御技術を総称して「おさわり農法」といっていました．私自身は，品がないのでこの言葉は使っていません．

つぎに，イネ以外の苗について，トマトを例にして考えてみましょう．みなさんもホームセンターなどでトマトの苗を購入することがあるようでしたら，以下に述べる知識を役立ててください．

トマトは8枚目の葉がでてから第一花房が出てきます．そのあと，3枚の葉，一つの花房，3枚の葉，一つの花房というように規則正しく成長していきますので，8番めの葉の次に最初の花房がついていることが大切です．このバランスが崩れると木が暴れてしまいます．葉色に関しては，あまりに濃すぎるのはストレスが強い証拠ですので，徒長気味では困りますが，葉色は適度な緑色のものがよいといわれています．子葉の緑色が残っているかどうかも指標になります．トマトはエチレンにとても敏感で，ストレスが強すぎるとエピナスティー（epinasty）といって葉の上側が伸長して下に垂れる現象が起こります．葉の角度は茎に対して45°から60°くらいがよいといわれています．もちろん，病気や欠乏症，虫の有無なども確認します．

ホームセンターに行くと，接ぎ木苗が少し高い値段で売られているのを御存じかと思います．植物は同じ科の仲間なら接ぎ木をすることが可能で，ナスの台木にトマトの穂木を接いだり，ヘチマやカボチャの台木にキュウリの穂木を継いだりすることが行われます．野菜苗の接ぎ木技術は日本あるいは韓国で考案されたといわれていますが，詳しいことは不明です．接ぎ木は英語でgrafting，台木はrootstock，穂木はscionといいます．日本では1927（昭和2）年に流行したスイカのつる割れ病対策としてユウガオ台木が考案されたのが嚆矢といわれています．キュウリ，ナス，メロンなどの接ぎ木は1960年代前半（昭和30年代後半）に普及し始めました．キュウリはつる割れ病，連作障害の回避のため，ナスは青枯れ病回避のために赤ナス台木が考案されました．現在では，接ぎ木マシーンも登場しています．

接ぎ木というのは，大変不思議な現象ですか，オリーブやイチジクの場合，聖書に接ぎ木の話が出てきますので，かなり昔から実施されていた技術だということがわかります．果樹の場合は，芽接ぎとか枝接ぎとかいわれる方法が重要です．桃栗三年柿八年というように，果樹の場合，実がなるまでに長年月がかかるのですが，芽接ぎや枝接ぎをすれば，場合によってはその年に新しい品種の果実を得ることも可能です．果樹の場合は，ストレス耐性や耐病性の付与よりも，新品種の導入の効果が大きいように思います．

接ぎ木をすると，耐病性やストレス耐性は台木の性質が発現し，果実の品質や収量については穂木の性質が発現することが知られています．図21の写真は，台湾のAVRDC（アジア蔬菜研究開発センター）がトマトの接ぎ木試験により顕著な耐病性を発揮させた写真です．左側はトマトの実生（みしょう）（種から育てたもの）苗を育てた個体で，右側がナスの台木に接ぎ木をした個体です．左側の実生苗は立ち枯れ苗にかかって全滅してしまいましたが，右側の接ぎ木苗の場合，しっかりと収穫までもっていくことができました．

図21　接ぎ木苗による耐病性の発現（左２列は実生苗，右２列はナス台に接ぎ木したトマト苗由来の個体．台湾のアジア野菜研究発展センター試験圃場にて［著者撮影］）

最近，名古屋大学の研究者が，違う科の植物同士でも，間にタバコを挟むと接ぎ木ができるという研究を発表し，注目を集めています．みなさんも調べてみてください．

ついでに，苗を育てるのに便利なセルトレイについて説明しておきます．野菜の苗はセルトレイで作ると数も数えやすく，機械移植も可能となります．また，セルトレイから引き抜いた苗は，そのまま移植できるので，大変便利です．一つひとつ別々の穴（セル：小部屋）で育てるので，セル成形苗あるいはプラグ苗ともよばれています．

最後に，育苗の利点を纏めておきます．

1）寒い時期の早まきにより，生育期間を長く取ることができる

2）前作の収穫待ち→畑に植わっているものを収穫してから種を直播きするのではなく，あらかじめ苗を育てておいて，前作の収穫後に移植をすれば，時間の短縮になる

3）雑草管理→作物と雑草とが混じっていると除草は大変手間取るが，苗床で苗を別に育てておけば，畑の除草は楽になる

4）キャベツなどでは移植することにより，エチレン生成が促され結球性が向上する

5）温床・冷床による生育のコントロール→移植時期を調整しやすい

6）苗素質の向上→斜め差し，接触刺激などで環境ストレスに強い苗を作ることができる

7）苗の時に低温処理をすることによって花芽誘導が可能になる（バーナリゼーション）

8）組織培養によってウイルスフリー苗などを作出することによって，耐病性にすぐれた作物を栽培できる

9）接ぎ木苗を利用すると耐病性，ストレス耐性を向上させられる

10）プラグ苗を用いることによって機械移植が可能になる

ここで，図22，ミレーの「接ぎ木をする男」をみてください．この農夫は役割を終えて古くなった木を切り倒して，そこにまさに今新しい枝を接ぎ木しようとしています．私がみるところ，男は自分もいずれは使命を終えてこの木のように切り倒されるのだ，いろいろやるべきことはたくさんあるのだが，課題の多さに比べて人生は短い，しか

し次の世代が自分のやり残したことを引き受けてくれる，そういう確信をもって接ぎ木をしているように見受けられます．

ミレーはわざわざこの接ぎ木をしている男の横にそれを見守る奥さんとまだ自我も育っていないと思われる子どもを同時に描いています．自分の生涯の課題を，彼の息子・娘が引き継いでくれるという希望を描いたのではないでしょうか．このように，役割を終えた古い木を切り倒して，そこに新しい若い世代を接ぎ木していく．こういう営みこそが農業という営為をよく象徴しているのではないかと私には思えます．

図22　接ぎ木をする農夫
ミレー，1885

私も短い生涯にどれだけのことがやれるか，考えると非常に心許ない訳ですが，先人たちは「保温折衷苗代」とか「接ぎ木」など，世紀の発明をすることで逆境を乗り越え，私たちに人類の可能性と希望を示してくれました．作物を栽培する中で，人類が乗り越えてきた苦悩が，技術として結晶しているのを見いだすとき，私は，かつての時代にもまして大きな苦悩が増し加わっている今の時代，なおいっそう，農業のもつ役割が大きくなってきているのはないかと感じずにはおられません．

第５講　収量構成要素について

本講では収量構成要素について学びます．この言葉を初めて聞いた方も多いと思いますが，英語ではyield componentsといいます．収量を構成する成分ということです．イネに関しては，単位面積当たりの穂数（panicle number），１穂あたりの粒数（grain number），登熟歩合（ripening rate），千粒重（1000 grain weight）の四つで，これらを掛け合わせると収量を計算できるのですが，いってみれば，収量の因数分解です．

みなさんは，中学・高校で習った因数分解のことを覚えているでしょうか．私は因数分解というのは，とても大切な概念だと思っています．単なる概念というに留まらず，私たちが困難の多い人生を生き抜くにあたって，一つの鍵となる考え方だと思うのです．今，私は，皆さんも想像していただけると思いますが，遠隔授業の教材を作ることになり，ほぼ自転車操業の状態です．大学に置いてある参考資料を見ることもできず，娘がオンライン授業を受けている部屋には近づけず，二階の小さい部屋で真夜中に作業をしているわけですが，こういう消去法的な考え方も役に立ちますが，体力と作業時間，お金などの因数を，どのように組み合わせて（つまり因数に分解して），ことに当たるべきかというようなことは，複雑で曖昧な出来事を，秩序立てて考えていくのにとても役に立つと思います．

些細な例になりますが，私は６月23日が誕生日で，2022年は木曜日です．2023年，私の誕生日が何曜日になるか，皆さん，すぐにわかるでしょうか．答えは金曜日です．これは1年365日を因数に分解して，365 = 52 × 7 + 1とすれば，1年は7で割ると1日余りますから，曜日はひとつずつ後ろにずれることがわかります．

私が受験勉強をしていたときに，名古屋大学で出題された数学の問題を解いたことがあるのですが，印象的な問題がありました．1～10までの数字を適当に二つのグループに分け，それぞれのグループの数字をすべて掛け合わせたとき，両者は決して同じにならないことを証明せよ，という問題です．これは，7という数字に着目すると，7が入っているほうのグループの数字を掛け合わせた場合，結果は必ず7の倍数になりますが，違う方のグループは決して7の倍数にはなりません．したがって両者は等しくないことがわかります．このように，全体が把握しづらいときに，ある因子に着目すると，スッと問題が解決できるようなことがあるのです．本講では，イネでそれをやってみたいと思います．

育種学と生理学

第2講でお話しした「稲作技術の変遷」，あるいは前講でお話しした「苗半作」のときにもふれましたが，日本の稲作にとって，冷害の克服は大変重要な課題でした．東京農大が設立されたのは1891年ですが，そのころ，明治政府は，すでに戦争を視野に入れていましたから，食糧増産を図るために農事試験場を作りました．いまも東京都北区に西ヶ原というところがありますが，1893年に西ヶ原農事試験場が設立され，傘下に陸羽支場，畿内支場，九州支場を擁していました．陸羽支場で育成された，陸羽132号は，耐寒性にすぐれ，満洲でも作られました．宮沢賢治が1928年に発表した「稲作挿話」という詩には次のような一節があります．

君が自分でかんがへた
あの田もすつかり見て来たよ
陸羽一三二号のはうね
あれはずゐぶん上手に行つた
肥えも少しもむらがないし
いかにも強く育つてゐる
硫安だつてきみが自分で播いたらう

陸羽132号の生みの親である寺尾博は「稲も亦大和民族なり」と豪語しましたが，この品種は耐寒性にすぐれ，かつ化学肥料向けの品種でした．当時，冷害の克服，化学肥料向けの品種の育種が，日本農業にとって最大のチャレンジであり，農事研究所は育種家が席巻していたといってよいでしょう．当時の雰囲気では，生理学や栽培学は，影の薄い学問と考えられていました．前講でふれた「氏と育ち」でいえば，氏のほうだけが強調され，優秀な大和民族にふさわしい優秀な血統の稲を作れば，悪環境にも対処できると希望的に考えられていたわけです．ぜひ『稲の大東亜共栄圏』（藤原辰史，吉川弘文館，2012）を読んでみてください．また，いまも，遺伝子組換技術にそのような期待をしている研究者が多く，「どこでも，いつでも，誰にでも栽培できる稲」を組換技術で作ろうとしている研究者がおり，将来的にはAIを使って農業をしようともくろんでいる人たちが少なからずいるのですが，作物を育てるのが農民である限り，栽培をおろそかにすることはできないと私は思います．「氏と育ち」の両方が大切であることを，もう一度強調させていただきたいと思います．

片山佃の同伸葉理論

さて，本講で扱う二人の主人公の内，最初の一人である片山佃は寺尾博のお弟子さんだったのですが，将来栄養生理の研究をしたいといったところ，寺尾からひどく叱られたというエピソードが残っています．先ほども申し上げましたが，当時の農事試験場は，育種学が花形だったのです．

その頃，化学肥料が多用されるようになっていたのですが，片山はイネの生育が旺盛になり，分げつ（漢字では分蘖と書きます．イネやムギ，トウモロコシの枝分かれのことで，英語では tiller といいます）も増えるのに穂が増えないのはなぜだろうと不思議に思い，寺尾に隠れてこっそりと研究を始めました．当時は穂を出す分げつ（有効分げつ）と穂を出さない分げつ（無効分げつ）について，はっきりとした認識がありませんでした．片山は，有効分げつと無効分げつがどのようにして生まれるかを調べ始め，イネをバラバラにしてみたのですが，なかなかわかりませんでした．そこで，一つの節から一つの分げつと一つの葉が出ることに着目して，エナメルを使って，2枚おきに葉に印をつけて数えることを思いつき，大発見ともいえる同伸葉理論を見いだしました．

有効分げつと無効分げつ

図23は1株のイネを穂がある有効分げつと穂がない無効分げつに分けたものです．実は，無効分げつが本当に無効かというと，そうではありません．穂を出すことのできない分げつはプログラム細胞死によって自殺をするのですが（若い分げつが枯れるので，この現象を「夭折」といいます），自分の持っている養分やエネルギーを穂を出せる分げつに譲り渡すような仕組みが働いていることがわかっています．すべての分げつが穂を出そうとして全滅する

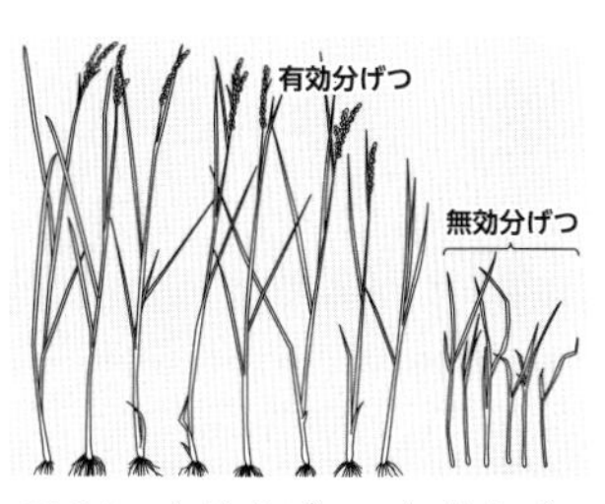

図23　有効分げつと無効分げつ

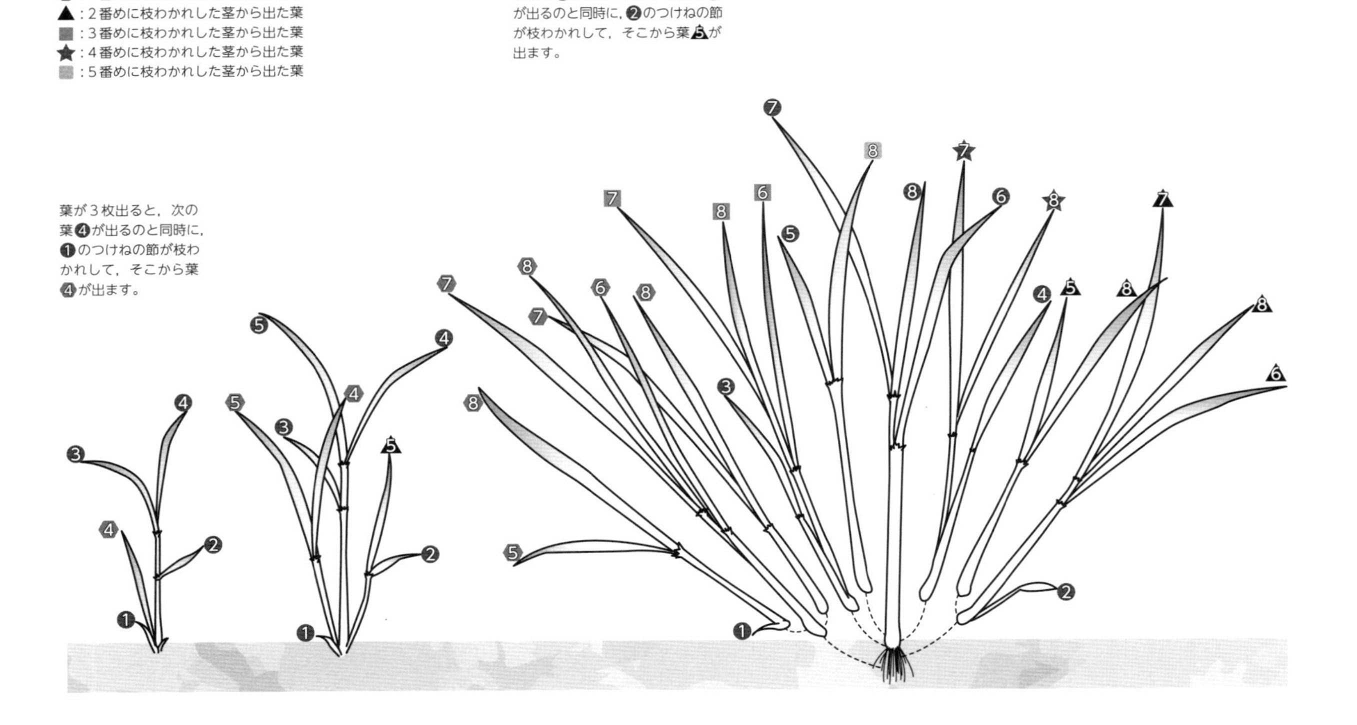

図24　イネの出葉ルール

よりは，確実に実る穂を出せる分げつのみに望みを託すのが，イネの生き方なのです．ですから，「無効」というのは，ちょっと言いすぎではないかと思います．イネにはイネ流のやり方があるわけで，それを私たちが「有効」とか「無効」とか決めつけるのは，ある意味，越権ではないでしょうか．

同伸葉理論と分げつ数

さて，片山が発見した同伸葉理論を説明しましょう．同伸葉というのは同じ時期に伸びている葉という意味で，synchronous leaf といいます．ギリシャ語で「時」のことをクロノスといいますが，クロノスを同じくするので，シンクロノスといいます．Synchronized swimming という競技を想像すれば，すぐに記憶できると思います．同伸葉理論を簡単に表現しますと，「n 番めの葉が伸びつつあるときに，n-3 番めの葉のわきから新たな葉（分げつ）が出る」となります．
図 24 で確認してみましょう．

一番左の苗を見てください．葉齢 4 の苗ですが，同伸葉理論から 4 − 3 ＝ 1 番めの葉のわきから新しい葉（分げつ）が出ていることが確認できると思います．この図では，同伸葉が同じ数字で書かれているので（❹と❹），とてもわかりやすいと思います．覚えてほしい理論の第一は，当然同伸葉理論ですが，次に，「イネの葉は積算温度 100℃でほぼ 1 枚展開する」という法則を覚えてください．積算温度というのは，平均気温×日数ですので，積算温度 100℃というのは 30℃なら 3.3 日，25℃なら 4 日，20℃なら 5 日，15℃なら 6.7 日ということになります．そうすると，この写真の一番左の苗から真ん中の苗にまで生長するのに，1 枚分成長していますので，積算温度 100℃分の時間が経ったことになります．仮に平均気温が 20℃でしたら，5 日経ったことになります．

さて，真ん中の5葉齢の苗を見てください．同伸葉理論から5－3＝2番めの葉のわきから新しい葉（5）が出ていますね．さらにこのとき，左の苗で確認した4の葉から次の葉が出ますので（5），いま真ん中の苗で成長しつつある葉は，マークの中の数字が5の三つの葉，つまり❺，5，5となります．

次に一番右の8葉齢の苗を見てみましょう．くどいようですが，真ん中の苗から右の苗に移行するには，3枚分の葉が展開していますから，積算温度300℃分の時間が経っています．つまり，平均気温20℃なら15日分，半月経っていることになります．苗の葉の枚数と平均気温から，成長速度を計算できることを是非覚えておいてください．このとき❽の同伸葉は，8が3枚，8が2枚，8，8，8がそれぞれ1枚の，合計9枚になっています．

片山佃になったつもりで，少し詳しく数えてみましょう．1のマークは1枚，2のマークも1枚，3のマークも1枚，4のマークは2枚，5のマークは3枚，6のマークは4枚，7のマークは6枚，8のマークは9枚あります．同伸葉の数は0，1，2，3……と増えていくことがわかります．全体の葉の数は3葉齢なら3枚，4葉齢なら5枚，5葉齢なら8枚，6葉齢なら12枚，7葉齢なら18枚，8葉齢なら27枚となっていますが，これは同伸葉の数がたし合わさった枚数になっています（当然ですが……）．

さて，ここで同伸葉理論の意味を再度吟味してみたいのですが，n番めの葉が出るときにn-3番めの葉のわきから新しい葉（分げつ）が出るということは，一番右の苗を見ていただくとわかりやすいと思いますが，真ん中に一番太いしっかりした茎（主稈といいます）があり，葉が3枚出るごとに，分げつが増えて枝分かれしていくようなシステムなのです．つまり一つの分げつには3枚以上の葉はつかないのです．4

枚めが出るときに分家をして暖簾分けをしていくという感じですね．さて，苗の話をしたときに，葉は3枚一組だといったことを覚えていらっしゃるでしょうか．実は「**葉が3枚ない分げつは穂を出すことができず，無効分げつになりやすい**」のです．葉の数ではっきり有効分げつになるか，無効分げつになるかを線引きできるわけではありませんが，葉が3枚ない分げつは穂を出せないと考えてよいと思います．葉が2枚ですと根と自分自身を支えるので手一杯で，穂にまで養分を送る力がないわけです．図23で，無効分げつが有効分げつに比べて，とても貧弱だったのを思い出してください．

さて，一番右の苗の場合，分げつが9つになっていますね．分げつの数と同伸葉の数は一致します．すべての分げつが1枚ずつ新しい葉を出すからです．この苗がもし，そのまま出穂期を迎えたとすると，2枚しかない分げつ，つまり右から2番めと主稈の左隣の分げつは穂を出すことができず，無効分げつになる可能性が高いといえます．実際の研究では，星川清親が調べたところによると，出穂期に主稈の2／3の高さに満たない分げつが無効化すると報告されています．このことはもう少しあとで再度ふれることにします．

完全無欠の分げつ体系？

このような見事な法則を見つけ出した片山佃の業績は，目を見張るものがありました．そのあまりにも美しい出葉の原理に感動し，片山は「完全無欠の分げつ体系」という言葉を使ったほどです．そして，この法則について報告を聞いた寺尾博は，顔が青ざめたそうです．この話を直接片山から聞かれた私の恩師でもある石原邦は，寺尾が育種偏重で栽培を軽視した自分の不明を恥じたというよりも，この法則がもつ潜在的な意味を直感的に感じ取ったのではないかと考察されています．この法則は，コムギでもはっきりしていますが，オオムギやエンバクなどでは少しずれることも片山は調べています．

さて，片山佃が同伸葉理論を発見し，分げつがどのように発生するのかがあきらかにされました．有効分げつと無効分げつの違いも，おぼろげながらわかってきました．ところで，同伸葉理論が，なぜ日本で発見されたかということについて，片山は面白いことを言っています．欧米のムギ栽培では，非常に播種量が多く，収量を分げつで確保するという発想がなかったからではないかというのです．

松島省三と収量構成要素

ここから，本講の二人めの主人公，松島省三の話に移りたいと思います．松島は，本講のテーマである収量構成要素という概念を作りあげた人です．最初に述べたように，松島はイネの収量は，穂数（有効分げつ数），一穂粒数，登熟歩合，千粒重の四つの因数の積で表されると考え，それぞれの因数がいつ，どのように決まるのかについて研究を始めました．

ここで大切なのは，それぞれの因数が決まる時期がずれていることに気づいたことです．数学の場合，たとえば24を因数分解すると，24＝1×24，2×12，3×8，4×6の4つの組み合わせがあり，片方の因数を大きくすると別の因数が小さくなり，全体の大きさは不変なのですが，イネの場合，実は穂数，一穂粒数，登熟歩合，千粒重の順番に時系列的に決まっていきますので，それぞれの因数をそれぞれの時点で最大にするような施肥・潅水方法などを考えていけば，全体の収量を引き上げることができると考えられるのです．

松島はまず，穂数がどう決まるのかを調べました．そして有効分げつと無効分げつの違いを詳しく調べていく中で，有効分げつになるグループと無効分げつになるグループで，ある時期になると出葉速度に差が出てくることに気がつきました．それが最高分げつ期とよばれる時期です．最高分げつ期から10日後までに有効分げつ数，つまり穂数が決まることを突き止めました．

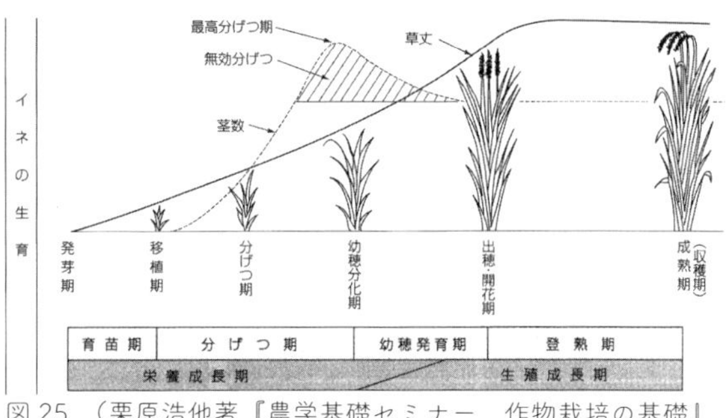

図25（栗原浩他著『農学基礎セミナー　作物栽培の基礎』農山漁村文化協会，2000年）

無効分げつは減らせるか？

図25は，イネの一生を育苗期，分げつ期，幼穂形成期，登熟期にわけ，分げつ数と草丈の変化をグラフにしたものです．ここで注目していただきたいのは，分げつ数は，最高値に達した後，減少するということです．無効分げつと書かれた部分の面積が，穂を出せずに消滅する分げつを示しています．先ほど述べたように，最高分げつ期から10日ほどで，穂数が確定するのですが，松島は，無効分げつを減らすために，基肥（もとごえ）（田植え前に施す肥料，basal application）が最高分げつ期にちょうど消耗するように設計することを考えました．肥料切れになれば分げつは出ませんので，無効分げつを減らすことができると考えたわけです．

四つの収量構成要素

図26は，イネの四つの収量構成要素を図示したものです．くり返しますが，穂数は単位面積当たりの穂の数，一穂粒数は一つの穂につく籾（もみ）の数，登熟歩合は，穂についた籾の何％が最後まで実るのかという割合，そして，実った籾が実際にどれだけの重さになるのかという千粒重です．最後の千粒重は，一粒重でもよいのですが，米粒はおよそ0.02gほどで，単位が小さすぎ1000粒を単位にして数値化します．1000粒集めると20gくらいになって，計算したり比べたりするのに便

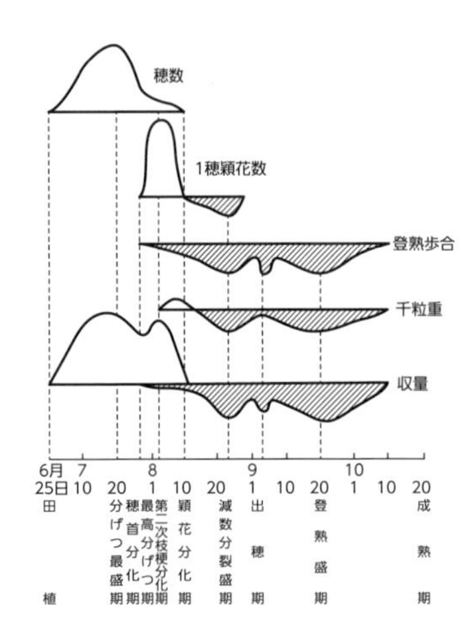

図 26　水稲収量成立経過模式図（松島 1959）（松島省三、藤井義典『作物体系　第1編　稲　Ⅰ水稲の生育』養賢堂、1962）

利なので，千粒重を採用するわけです．

図 26 は，松島が作った画期的なグラフです．一番上が穂数で，これは先ほど述べたように最高分げつ期に最も数が増え，それから 10 日位で止まります．茎の数は無効分げつによって減るのですが，穂数は減らないことに注意してください（山になっても，谷にはなりません）．

次の一穂粒数は，頴花分化期までは増加しますが，減数分裂期には減少することがわかりました．つまり，山になった後，谷になります．減数分裂期は花粉ができる上で最もクリティカル（決定的）な時で，「雨ニモマケズ」の時に話しましたが，このときに 17℃以下の日が 3 日ほど続くと，花粉の形成がうまくいかず，障害型冷害といって大変な減収になります．減数分裂期に異常が起こると，せっかくできた穎花が退化してしまいます．退化した穎花を退化穎花とよびます．松島は退化穎花を減らすためには，穂首分化期に追肥（ついひ）（top dressing）をすることが有効だということも突き止めました．松島が提唱したのは V 字型稲作理論といわれますが，最初に基肥を与えた後，それが分げつ最盛期ごろに肥効がきれるようにし，穂首分化期に追肥をするので，肥料の効きに注目すると，ちょうど V 字型になるのです．

そうすると，イネの減数分裂期を正確に把握することが極めて大切だということがわかります．これは出穂期の 2 週間前に当たります．あとでどのようにして減数分裂期を知ることができるのかを説明します．

第 3 の因数である登熟歩合は，谷にしかなりません．減る一方です．

危険な時期は三つあります．まずは減数分裂期，これは一穂粒数のところで説明したとおり，退化穎花が生じるためです．次は出穂期で，花をうまく咲かせられなかったり，受粉が失敗したりすると粃になります．登熟盛期はどれだけ光合成ができて同化産物を転流させられるかにかかっています．天気がわるかったり，寒かったりすると光合成が不十分になり，登熟歩合が下がります．最後の千粒重は穎花分化期に小さな山があるのですが，減数分裂期と登熟盛期に谷があります．穎花分化期に籾殻のサイズが決まりますので，ここでサイズが大きくなれば，千粒重が増加しますので，山になります．登熟盛期の光合成能力で，籾殻を充実させられるかどうかが決定します．

減数分裂期

理論の大切な部分は，すでにほとんどお話ししたことになりますので，ここからは今まで話しの中で出てきた穂首分化期とか減数分裂期などについて，具体的に説明したいと思います．

最後の葉を止葉といいますが，止葉が形成された後，有効分げつになる茎の茎頂分裂組織で幼穂が分化します．おおよそ出穂期の1カ月位前の出来事です．

次に穂軸（枝梗といいます）が分化し，頴花が分化してきます．大切なので，何度もくり返しますが，花粉が不稔になりやすいのは減数分裂期で出穂約2週間前に相当し，この時期に寒さや乾燥などのストレスがあると花粉が失活し，粃が増え，収量が激減します．この時期にやませが吹くなど，17℃以下になりそうなことが予想された場合，深水灌漑などで葉鞘中にある幼穂を保護します．

減数分裂期に低温に遭遇するとどういうことが起こるかといいますと，花粉に養分を送るべきタペート細胞に異常が起こります．タペート細胞は絨毯細胞ともいいますが，人間なら胎盤に相当するような組

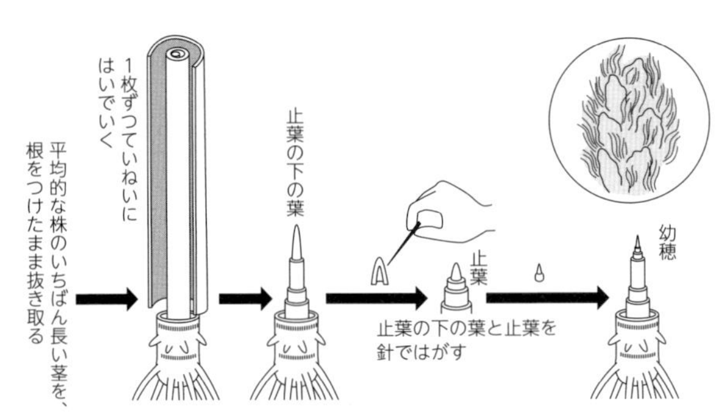

図27　幼穂の長さの測り方
（堀江武編著『新版作物栽培の基礎』農山漁村文化協会，2004，所収の図をもとに修正し作成）

織です．胎児を育てるためには，胎盤から必要な養分が送られる必要があるのですが，胎盤の機能が低下すると，往々にして妊娠中毒症が起こるように，イネの場合も，減数分裂期に低温に遭遇すると，タペート細胞自体が肥大してしまって，花粉に養分を送ることができなくなることがわかっています．

ここで，幼穂の発達について，もう一度，要点を押さえておきましょう．穂の赤ちゃんができてから出穂までは，30日強です．このうち，最も危険な時期が減数分裂期で，出穂2週間前に相当します．これは必ず覚えておいてください．

それでは，減数分裂期かどうかは，どのようにして判断するのでしょうか．二つのやり方を紹介します．一つは，直接幼穂を観察する方法です．止葉の葉鞘を剥いてみると，幼穂を観察することができます．図27のイラストは，そのようにして観察した幼穂です．自分でやってみるとなかなか難しいので，皆さんも，機会がありましたら，是非挑戦してみてください．

一方で，手作業で幼穂を観察するのがなかなか難しいこともあり，松島省三は，誰でも簡単にできる減数分裂期の診断法を提唱しました．それが葉耳間長（ようじかんちょう）を利用した診断法です．

イネの葉を注意深く観察してみますと，光合成をする葉身（ようしん）（leaf

blade）の部分と葉鞘（leaf sheath）に分けられるのですが，その境目に葉耳（auricle）と葉舌（ligule）という小さなパーツが存在します．これはヒエにはありませんので，田圃でヒエ抜きをするときには，葉耳，葉舌に注目します．

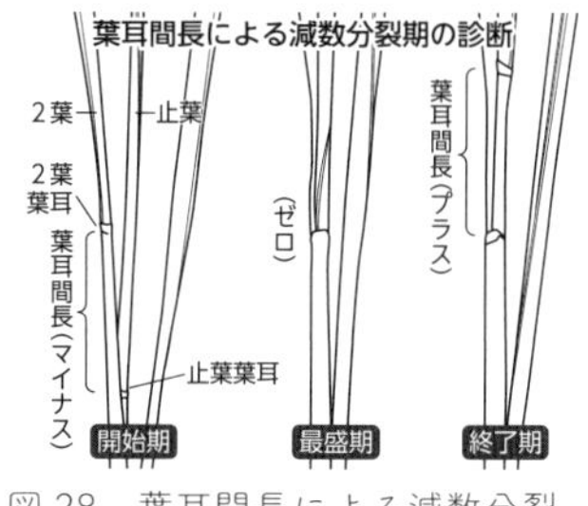

図 28　葉耳間長による減数分裂期の見分け方

松島が発見したのは，止葉の葉耳がその直前の葉耳と重なったとき，つまり葉耳間長がゼロの時が，減数分裂期だということです．

図 28 の左側のイネは，止葉の葉耳がまだその前の葉の葉鞘の中に隠れており，葉耳間長はマイナスです．真ん中のイネはちょうど止葉の葉耳とその前の葉の葉耳が重なっており，葉耳間長ゼロ，つまり減数分裂の最盛期にあたります．右側のイネになりますと，すでに止葉の葉耳はそのまえの葉の葉耳を突き抜けて上に出ていますので，葉耳間長はプラスで，減数分裂の終止期に当たります．

V 字型稲作理論

さて，松島省三が考案した収量構成要素の考え方は，V 字型稲作理論という形で結実しました．キーとなる考えは，基肥の力（基肥は分げつを促進する目的で，窒素が主力になります．葉肥ともよびます）で分げつを促し，最高分げつ期には肥効が切れるように設計し，無効分げつを抑制するというものです．その後，減数分裂期における頴花の退化を防ぐために，出穂 17 日前位に追肥をし

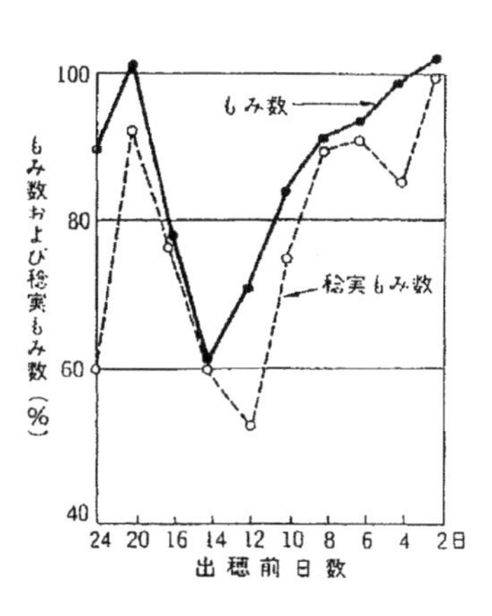

図 29　幼穂発育期の低温の影響
（寺尾博「日作紀」1932）

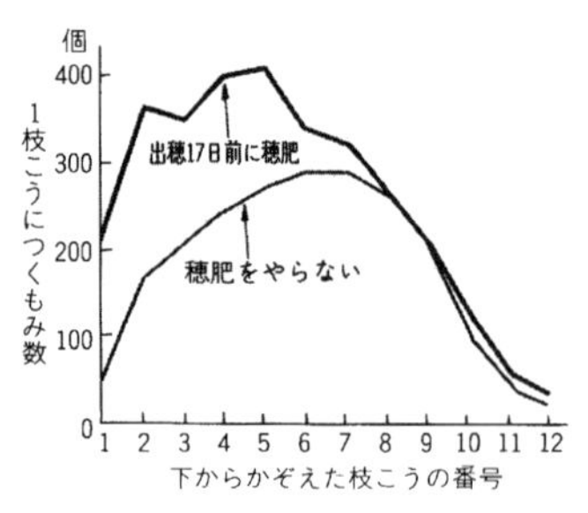

図30　幼穂発育期の穂肥の効果
（松尾孝嶺『水稲栽培の理論と実際』農業技術協会，1951）

ます．追肥は穂肥あるいは実肥といい，カリやリン酸が多く含まれます．

図29のグラフは，出穂前に4日ないし2日きざみで低温に遭わせたときに，どの時期がセンシティヴかを調べた実験で，出穂前10日から16日の減数分裂期が極めて敏感であることがわかるかと思います．この直前，つまり出穂17日前に追肥を行うと，図30のように，退化穎花を効果的に減らすことができるのです．こういう実験は，片山たちが開発した精密ポット試験によって得られた実験データだということにも着目してほしいと思います．

ポット栽培による精密試験法

育種家たちは，往々にして実験結果を統計的に処理していくのですが，片山の同伸葉理論発見以降，栽培学や生理学の研究者たちは，すべてのポットで生育環境がぴったり揃うようにして，精度の高い実験を行う精密試験法を実施しました．たとえば，ポットに詰める土は，すべて目の細かい篩でふるって均等に詰めました．また移植をするときは，昼間だと植え傷みが起こりますし，葉からの蒸散を抑えた方が根の負担が減りますので，田植えは夜に行いました．移植をするときには丁寧にやっても根がちぎれたりします（transplanting shock といいます）ので，精密試験をするときは，気温が低く，日射がない夜にする方が良いのです．松島は，葉数がぴったり揃ったイネを栽培し，出穂前24日，20日，16日，14日，12日，8日，6日，4日，2日に低温処理をして，出穂後の籾数を調べました．例外なく，同じ日にぴったり出穂するようにイネを育てることができる精密栽培の技術が前提となって，V字型稲作理論は生まれたのです．退化頴花は痕跡が残っていますので，穂を注意深く観察すると，見つけることができます．

さて，無事に出穂した穂は，開花後，自家受粉をして籾を充実させていきます．籾は5日ほどで縦方向はいっぱいまで伸び，厚さと幅は2週間後，重さは3週間後にいっぱいになり，およそ40日かけて実ります．

稲作診断法の確立

さて，松島が提唱したそれぞれの収量構成要素について，いつ頃，どのような要因によって決まるのかを図示したのが図31です．とても重要な情報が詰まっていますので，しっかりと眺めてみてほしいと思います．

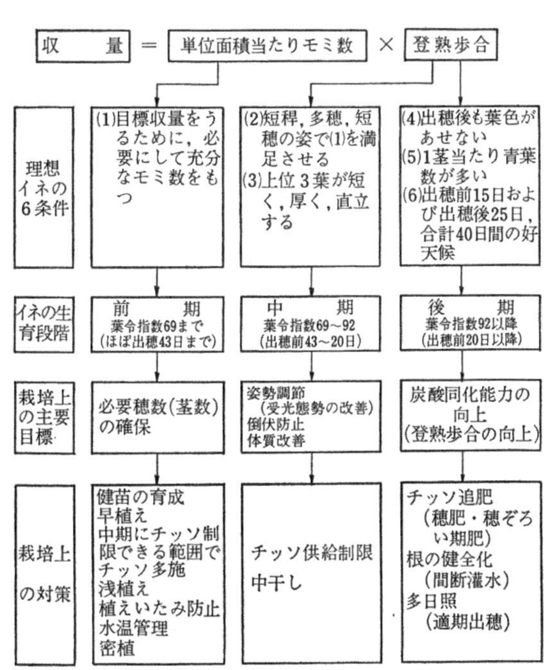

図31　理想イネによるイナ作の公式
（松島省三『稲作診断と増収技術』農山漁村文化協会，初版1966，復刊2020）

ここで，重要なことは，四つの収量構成要素がありましたが，大きく二つに分け，籾数の確保と登熟歩合の確保に分けて，栽培技術との関係を述べていることです．籾数を確保するためには，出穂43日前までの肥培管理が大切で，1）健苗育成，2）早植え，3）窒素多肥，4）浅植え，

5）植え傷み防止，6）水温管理，7）密植などにより，籾数を調整します．籾数を確保した後，いかにして登熟歩合を維持させるかについては，出穂43日から20日前までに，倒伏防止，受光態勢の改善をめざして，1）窒素供給制限，2）中干しをします．窒素供給制限というのは，肥効がV字型の底になるように調整することで，中干しというのは，土用の頃に田圃の落水をする処理のことです．中干しは雑草防除，根への酸素供給などの意味がありますが，根からの窒素吸収を抑えて倒伏や無効分げつの増加を抑制するねらいがあります．

そして，出穂20日前以降には，肥効がV字型の後半部分にさしかかり，右肩上がりになるように1）追肥を行い，2）間断灌漑（accented irrigation）によって根の健全化を図り，3）天気が晴れる，ことが重要です．

間断灌漑というのは，十分水をやった後，乾燥するまで淹水をやめるというサイクルをくり返す水やりの方法で，エチレンというホルモンが生成されて，栄養成長から生殖成長への切換が促されることが知られています．

収量構成要素は四つといっておきながら，なぜ籾数の確保と登熟歩合の向上の二つに分けるのか，少しインチキ臭いと感じたかもしれません．松島が，なぜ四つの因子なのに，二つのフェーズに分けて捉えたかというと，その方が診断を行って技術の改善を行うのに，便利だったからです．

松島のすごいところは，収量構成要素の研究の成果を，V字型稲作理論という栽培体系として構築し，さらに稲作診断のフローチャートを作ったことです．そのチャートが図32になります．

私たちは，日本の場合，通常，一年に一度しかイネを作ることができません．育種をする場合は，数億円をかけて，世代促進温室という設備を作ったり，あるいはフィリピンのような国で年に3～5回栽培できるような場所を借りて研究をしたりするのですが，しかし，普通のお百姓は，稲作を経験できるのは，1年に一回限りといってよいと思います．したがって，自分の技術を磨き，次の世代に受け継がせるためには，記録を作り，因数分解して，それぞれの要素について検討することが必要です．このチャートは，そのためにとても大きな意味をもっています．

まず，稲作診断をする場合，登熟歩合が高いか低いかで，違った対策をすることになります．登熟歩合が十分に高いのなら（85％以上），いかに籾を増やすかということに集中すればよいわけです．なぜなら，籾ができれば，ほぼ最後まで実ることが高い登熟歩合から保障されるからです．しかし，登熟歩合が低い場合は，籾をいくら確保しても，無駄になりますから，まず，登熟歩合を高めることに専念しなければなりません．

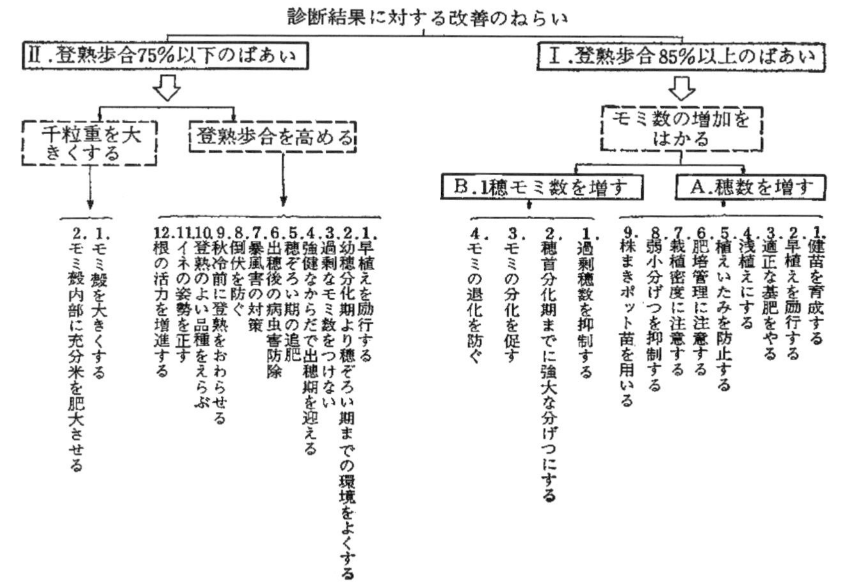

図32　イナ作改善のねらいどころ早見表
（松島省三『稲作診断と増収技術』農山漁村文化協会，初版1966，復刊2020）

この図に書かれていることを，改めてここに書き写してみましょう．登熟歩合が低い場合は，1）早植えの励行，2）幼穂分化期から穂揃い期までの環境改善，3）過剰な籾数をつけない（つまり，穂肥を控えめにする），4）強健なからだで出穂期を迎える（窒素の制限と深水灌漑などで草姿を調整する），5）穂揃い期の追肥，6）出穂後の病虫害防除，7）暴風害の対策（草姿の改善），8）倒伏を防ぐ（窒素制限），9）秋冷前に登熟を終わらせる（適切な品種選択，間断灌漑），10）登熟のよい品種の選択，11）イネの姿勢を正す（窒素制限，品種の選択，間断灌漑），12）根の活力を増進する（有機物の施与，中干しの適切な実施）などを心がけます．

登熟歩合が十分確保できている場合は，籾の数を増やせばよいことになりますが，その場合，穂数を増やすか，一穂籾数を増やすか，二つの戦略があります．実はイネの品種特性として，穂数型品種と穂重型品種というのがあります．つまり，穂数が確保しやすい穂数型と，穂につく籾を確保しやすい穂重型があるので，穂数型品種の場合は放置しておいても穂数は確保できますので，1穂につく籾を増やす戦略を採り，穂重型品種の場合は，放置しておいても1穂につく籾の数は確保できますので，穂を増やす戦略を採ります．

穂数を増やすためには，1）健苗育成，2）早植えの励行，3）適正な基肥，4）浅植え，5）植え傷み防止，6）適切な肥培管理，7）適切な栽植密度，8）弱小分げつの抑制，9）株まきポット苗の使用，1穂籾数を確保するためには，1）過剰な穂数を抑制する，2）穂首分化期までに強大な分げつにする，3）籾の分化を促す，4）籾の退化を防ぐ，ということを施肥や深水灌漑などで制御します．

深水灌漑とは

深水灌漑について，あまり説明をしませんでした．減数分裂期の低温障害を避けるために深水灌漑をするということにふれましたが，水は空気よりも比熱が大きいので，急に気温が下がっても，水温はすぐには下がらず，深水にして幼穂を守ることができるというわけです．深水灌漑には，草姿を整える効果もあります．深水にするとイネが横に広がりにくく，光が下位の葉に届きやすくなり，また隣の株との重なりも少なくすることが可能です．

さて，ここまで，収量構成要素，および，それを技術化したV字型稲作理論について説明してきましたが，どういう感想を持たれたでしょうか．私は片山佃や松島省三の研究者としての能力にはもちろんですが，戦前・戦後に米が不足していた状況の中で，何としてもイネの増収を達成したいという彼らが抱いていた使命感のようなものに，とても感動したことを覚えています．それにしても，イネ自身がもつ美しい分げつの規則性，それを施肥や潅水によってコントロールしようとする緻密な研究は，本当に見事だったと思います．そして，実際，V字型稲作理論は，日本だけでなく，東南アジアやアフリカでも採用され，多くの成果をもたらしました．

しかし，根本的な疑問が提示されていることも紹介しなければなりません．私の恩師である太田保夫は，鴻巣試験場に勤めておられたとき，松島省三と同僚でしたので，講義でもV字型稲作理論に基づいたイネの栽培技術に関する話が中心でした．ところが，太田は農大を退職後，郷里の長野県伊那でイネの有機栽培に取り組み，V字型理論を放擲して，私にいいました．「小塩，これからはV字型じゃなくて，への字型の時代だよ」．

太田によると，V字型はイネの生育を施肥と潅水でコントロールしようとするもので，詰め込み型の英才教育のようなものとのこと，本来のイネの生き様を無視して，人間の型にはめようとするものだというのです．イネは，意味があって無効分げつを出すのだし，意味があって頴花も退化するのだから，イネの生きたい生き方をサポートすることが大切ではないかということに気がついたとのことでした．

への字農法というのは，イネの有機栽培に多く取り入れられている理論です．以下に短く解説してみましょう．

への字農法の理論

イネをいろいろな栽植密度で植えてみると，疎植にするほど，1本1本の茎が太くなり，分げつも増えることがわかります．つまり，大きい苗を疎植するほど，1本1本の株は充実します．太田の英才教育の喩えを借りるなら，効率を重視した一斉教育ではなく，個性を活かした個人教育といえるかもしれません．

V字型稲作理論によって最高分げつ期に基肥の肥効が切れるようにするのは，みなさんのように若くて食欲がある人に絶食をさせるようなものかもしれません．への字農法は，井原豊という人が命名した栽培法で，基肥なし，出穂40～30日前に硫安を一回だけ追肥するやり方で，肥料代が安く，コシヒカリのような倒伏しやすい品種では倒伏防止の効果が高く，歓迎されました．

V字型とへの字型で育てたイネの草姿を比較すると，V字型は草丈が100cmほどで三角形になるのに対して，への字型では草丈が120cmほどにがっちり育ち，草姿は逆三角形になります．ある実験データによると，への字の方が草型が改善され，光合成量が増えるとのことです．

茎肥という概念

への字農法では，茎肥という概念が大切です．図33のグラフを見ると，株につく籾の数は，最下位の茎の断面積と極めて高い相関があるということがわかります．松島のように，精密に収量構成要素の各成分を調べ上げて細かくコントロールしようという思想ではなく，ざっくりと1発勝負で，茎の太さだけを指標にして，籾の数を増やそうというのがへの字栽培の考え方といってよいでしょう．茎を太くするためには，出穂40日前位に追肥をするのが効果的です．

本講では，片山佃と松島省三を中心にお話をしましたが，どれだけ多くの研究者が生涯を費やして稲作技術開発に挑戦してきたか，その一端を感じ取っていただければ幸いです．これらの研究には，一つひとつ物語が秘められており，私はそれを学ぶとき，喜びと興奮を禁じえません．それなのに，日本では減反政策が進められ，耕作放棄地が増え，かつての研究成果が死蔵されているといっても過言ではありません．これらの研究成果を活かして，たとえば家畜のエサにする飼料米を作ることによって耕作放棄地を減らし，海外からの飼料輸入量を減らして食糧自給率を少しでも上げようとする試みもなされようとしています．みなさんも，宝の山といってよい稲作科学を学び，食文化や食生活を変えていくことも視野に入れながら，将来を考えてほしいと願ってやみません．

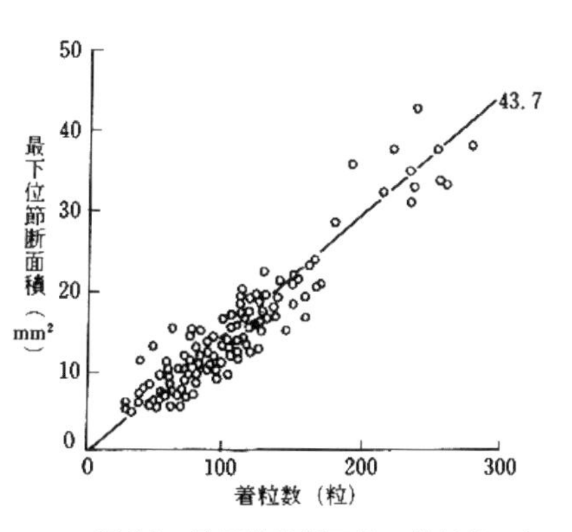

図33　最下位茎断面積と着粒数の相関
（1963年秋田，宮城，岩手）
（稲葉光國『太茎大穂のイネつくり』
農山漁村文化協会，初版1993，
オンデマンド版2021）

第6講　要素欠乏について

これまで，農耕の起源，稲作技術の変遷，播種，育苗，収量構成要素について学んできました．本講では，作物の要素欠乏症について，皆さんに診断法を身につけてもらいたいと思っています．みなさんは植物が多様性に富んでいて，とくに葉や花の形や大きさは，種によって様々で，一つといって同じものはないということを知っていると思います．ところが，植物が要素欠乏を起こすときの症状は，種を超えて，かなり共通で，それを診断することができれば，一つの技術として，きっと皆さんの役に立つことになると思うのです．

私自身の話をさせていただきますと，私が結婚したのは2000年のことになりますのでだいぶ昔のことなのですが，新婚間もなく，数週間も経たないときに，当時の研究室の上司からいわれて，ドミニカの中山間地域で行われているJICAのコショウ栽培プロジェクトの中間評価に参加することになりました．私は，それまでにコショウの木など見たこともありませんでしたし，本当に新婚間もないときでしたので，お断りしたのですが，他にアテがないということで，結局，10日ほど，JICAの評価チームのメンバーとして参加することになりました．

私はその時に初めてコショウの木を見たのですが，かなりの頻度で，マグネシウム欠乏と鉄欠乏の症状が見られることがわかりましたので，その対策を考え，アドヴァイスをすることによって，何とか課せられた務めを果たすことができました．知らない人からすると，高度な分析機器も使わずに，なぜ植物の欠乏症の診断ができるのか，不思議に思われるかもしれませんが，多分，本講をとおして，皆さんもある程度の診断力を身につけることができるようになるはずだと期待しています．

もちろん，要素欠乏の診断は奥が深く，慣れないと自信が持てないのも確かです．しかし，本講で，基本的なことを一緒に確認すれば，今後，道ばたの植物を観察するときにも，きっと植物の表情を読み取ることができるようになると思います．植物の見せる不安な表情や悲痛な叫びに，気づくことができるようになれば，植物との付き合い方も変わってくるのではないかと想像されます．

植物に異常が観察された場合，四つの可能性を考えることができますが，まずもって，「異常を観察する」ということが大切です．中国の古いことわざに，「最もすぐれた肥やしは，農夫の足跡だ」という金言がありますが，自分の育てている作物を，愛情をもって，事ある毎に観察するのが不可欠です．

薬害について

一つめは薬害です．間違った濃度，あるいは間違った作物に薬剤がかかったりすると起こります．薬害の場合，薬剤を散布した本人が，たとえば散布した翌日に症状が出ていれば，当然，薬剤散布のせいではないかという自覚をもてるはずです．あるいはドリフトといって，近くの農園で散布していた薬剤が風で飛来してくる可能性もありますので，他の農園で薬剤散布をしているかどうか，また自分が薬剤を散布する場合には，近くの農園にドリフトするおそれがないかどうかを，しっかりとチェックしなければなりません．

こういうことはあまり起こらないのではないかと思うかもしれませんが，私自身，失敗した経験があり，皆さんに同じ失敗をくり返してもらいたくありませんので，恥ずかしいことですが，失敗談をお話ししたいと思います．

私が大学１年生になってすぐ，熱帯園芸学研究室に入室して，トウモロコシの亜鉛欠乏の実験をしていた先輩のお手伝いをしました．トウモロコシにダニがついていたので，薬剤散布をするように先輩に言われて薬剤を渡され，1000倍で撒いておくようにいわれたのです．私は農家の出身ですが，薬剤散布はしたことがなく，言われたとおり，1000倍濃い濃度で薬剤散布をしたのですが，翌日，トウモロコシが全滅していて，何人かの先輩と先生が枯れたトウモロコシをリヤカーで運び出す作業をしているのを見て，唖然としました．今にして思えば，1000倍で撒くというのは，1000倍に希釈して，つまり，農薬1CCを水１リットルに溶かして撒くことを意味しているのは明らかですが，私は10000倍という基準濃度の1000倍濃い，10％溶液を散布してしまったのです．先輩には申し訳ありませんが，私にとっては，よい教訓になりました．

このようなとんでもない濃度の計算ミスというのは，実際にはあまり起こらないと思いますが，除草剤と農薬を間違えてしまうというのは十分ありうることですので，注意してください．皆さんにも，気をつけて欲しいと思いますが，農薬というのは適当な濃度に希釈して作物に散布して病害虫を防除するものですが，除草剤は雑草を枯らすための薬剤なので，作物にかかると枯らしてしまう恐れがあるのです．農薬と除草剤は峻別してください．くどいようですが，農薬は作物に散布するもので，除草剤は作物には散布しないものです．農薬取締法上は，除草剤も農薬に含まれますので，混乱しがちなのですが，とにかく，除草剤を作物にかけることがないように，くれぐれも注意していただきたいと思います．

病虫害について

二つめは病虫害があげられます．図 34 の写真は，長野県のブドウ農家から診断を頼まれたシャインマスカットの葉に見られた異常ですが，これはブドウハモグリダニの被害です．病害虫の被害は，それぞれの病気や虫に特徴的な病徴がありますが，以下の点に注意して診断します．

害虫かどうかは，虫や卵，食べ跡，糞などの有無を確認します．この写真の場合，虫ではなくダニですが，葉の裏のくぼみの部分にハモグリダニに特徴的な毛氈（もうせん）が観察されます．虫害の場合，虫そのものを退治することが最も大切なことですが，近くに宿主があったら，忘れずに除去することが大切です．たとえば，サツマイモの害虫であるアリモドキゾウムシは，ヒルガオ科の植物に産卵し，増殖しますので，畑の近くに生えているヒルガオ科の植物についても，薬剤を散布したり，除去したりすることが不可欠です．現在，沖縄のサツマイモを本州に持ってくることができないのは，この害虫を持ち込まないためです．

病気の場合は，コッホの三原則が当てはまるかどうかを確認します．ドイツの細菌学者ロベルト・コッホ（1843–1910）はフランスのルイ・パスツール（1822–1895）とならんで，微生物病理学を確立した学者として有名です．いくつもの伝染病が微生物によっ

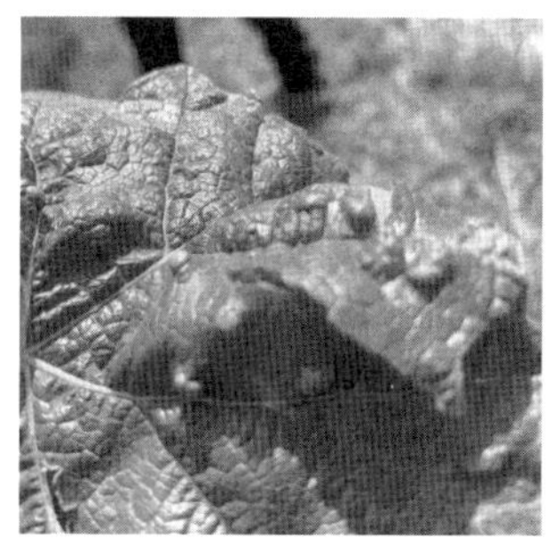

図 34　ブドウ（シャインマスカット）のハモグリダニ被害（著者撮影）

て惹き起こされることを示し，炭疽病菌や結核菌，またコレラ菌の分離に成功しました．もちろん，遺伝病や花粉症，糖尿病など，微生物によらない病気もあるわけですが，伝染病（感染症）が微生物によって惹き起こされること，またワクチンを接種することで感染を防げることをはっきりさせたことは，人類に対する極めて大きな貢献でした．

コッホの三原則は

1）ある特定の感染症にかかった個体は，その病変部において特定の微生物が常に見いだされなければならない．

2）その微生物は感染個体から純粋に分離培養されなければならない．

3）その純粋培養は感受性宿主へ接種されると同一の感染症にならなければならない．

植物には，免疫システムがありませんので，菌やウイルスに冒されたときには，全身獲得抵抗性（systemic resistance）といって，菌やウイルスが侵入してきたところで抗菌性物質をつくりつつ，揮発性物質を放出して警告を発し，その揮発性物質を受け取った健全葉で抗菌性物質を作るような反応を示します．また，過敏感反応（hypersensitive reaction）といって，菌やウイルスに冒された葉がそのままプログラム細胞死（PCD: Programmed Cell Death）を起こして，菌やウイルスを抱きこんだまま枯れてしまい，他に拡散するのを防ぐような仕組みもあります．

作物が菌やウイルスに冒された場合，上記のようなコッホの三原則に従うわけですが，現場では，一々三原則に当てはまるかどうかを調べるわけにはいきませんので，特徴的な病徴で診断することになります．診断の参照になるウェブサイトも存在しますので，参照してみてください（たとえば：http://riss.nobody.jp/disease/）．このときに注意しなければならないのは，いま私たちも新型コロナウィルス対策をしていますが，感染を防ぐということに尽きると思います．とくに，罹病個体で使った同じはさみを消毒せずに用いたり，罹病個体を触った手で健常個体に触れたりしないことが大切です．はさみは毎回消毒し，罹病株は場合によっては焼却することが必要かもしれません．

病虫害の対策としては，農薬を散布するような化学的防除法の他に，アブラムシ対策にアルミホイルを使ったり，種子を温湯処理したり，紫外線カットフィルムによってカビを防いだりするような物理的防除法，抵抗性品種の利用や輪作，田畑輪換などによる耕種的防除，納豆菌などの拮抗菌や天敵昆虫などを利用する生物的防除なども考えられます．

環境被害

さらに，三つめに，環境被害が考えられます．乾燥，高温，低温，強風，光化学スモッグ，酸性雨など，さまざまなストレスにより，作物の生育に異常を来すことがありますが，そのようなときには，同伸葉に注目してみてください．もし，ある日，とても気温が下がったというようなことが起こった場合，イネの葉を注意深く観察すると，伸びつつあった同伸葉に一様に症状が出ているはずです．同伸葉が一様に小さくなっているというようなことが観察されたら，その同伸葉が伸びつつあったときに，環境ストレスを受けたことを意味します．前講の，片山佃の同伸葉理論を思い出していただければと思います．

要素欠乏と要素過剰

さて，本講でお話ししようと思っているのは，植物の要素欠乏と要素過剰についてです．前置きが長くなってしまいましたが，ここから，要素欠乏および要素過剰の理論と診断について，説明していきたいと思います．ユストス・ファン・リービッヒ（1803−1873）は「ひとつの必須成分が不足するか，欠如すると，他のすべてのものがあっても，そのひとつの成分を必要とするすべての作物に対して土壌は生産力を持たなくなる」と述べました．驚くべきことに，植物の生育には，無機栄養分だけが必要なのだということがわかり，リービッヒはリン酸肥料をつくって特許を申請した最初の人物でした．植物が，有機物ではなく，無機物のみで育つというのは，大変意外なことだったのです．少し脱線しますが，この辺の経緯について簡単にふれておきます．

アリストテレスの「土」説

昔の人々は，生命は土から生ずると考えていました．以前紹介しましたが，人間も土から生まれて土に返る存在として，human とか *Homo sapiens* と命名されました．アリストテレスは，あらゆる生き物が土から生じて土に返ると考えていました．土は生産者であり，分解者であり，すべてのものがそこから生まれ，そこに返る母なる大地といってよい存在でした．植物も，当然，土から生まれる存在と考えられていました．

パリシーの「灰」説

それに対して，陶工として有名だったベルナール・パリシー（1510−1589）は植物は灰でできていると述べました．植物を燃やすと灰が残りますし，焼畑をした灰が豊富な土壌では，とくにイモ類などの収量が増加します．

ファン・ヘルモントの「水」説

ベルギーのファン・ヘルモント（1577−1644）はヤナギがどうして育つかを，実験によって確かめ，植物は水によって生長するのだと結論しました．ファン・ヘルモントは2.3kgのヤナギをしっかり乾かした土92kgを詰めた植木鉢に植え，5年間，水だけを与えて育てました．5年後，ヤナギは76.7kgに成長したのですが，土は60g減っただけでしたので，ファン・ヘルモントは，植物は水からできていると考えました．ファン・ヘルモントは気体（ガス）という概念を作った人でしたが，当時，まだ光合成については全く知られていませんでしたので，このような間違いを冒したわけです．しかし，ファン・ヘルモントは，人類で初めて，植物の成長を計量的に実験した人物で，この実験がもとになって，物理学の最重要法則といってもよい質量保存の法則が生まれたといわれています．

プリーストリーによる酸素の発見と植物の役割

ジョゼフ・プリーストリー（1733−1804）は酸素の発見者あるいは消しゴムの発見者として有名です．プリーストリーは密閉空間でろうそくを燃やすとやがて消えてしまうのですが，そこに酸素をくわえると長く燃え続けることを発見しました．酸素があると，ネズミが密閉空間で生きのびることができることも発見しました．プリーストリーは植物が酸素を作り出すことや，動物の呼吸によって二酸化炭素が排出されることを見いだしていました．プリーストリーはネズミを密閉空間に入れると数秒で気絶して死んでしまうのに，植物を一緒に入れておくとネズミが長生きすることに気づき「植物には空気の浄化作用がある」と述べました．

インヘンハウズによる葉の役割の発見

オランダの医師であったヤン・インヘンハウズ（1730−1799）は，プリーストリーが発見した植物による空気の浄化機能は，葉の緑色部分が関係しており，光の影響を受けることを発見しました．普通教科書にはインゲンホウズと出ていますが，オランダ語の発音ではgは喉から強く息を吐き出す音ですので，日本語に置き換えるときにはインヘンハウズが正確だと思います．

ド・ソシュールとザックスによる炭酸同化作用の考察

さらに1804年，スイスのニコラス・テオドール・ド・ソシュール（1767—1845）が植物の生育には二酸化炭素が必須であることを発見し，二酸化炭素＋水→植物の生長＋酸素という光合成のメカニズムをほぼ解明しました．

その後，ユリウス・フォン・ザックス（1832—1897）が，皆さんも知っているように，ヨードカリ反応を使って，植物は日光が当たると二酸化炭素を取り込んで葉緑体の中にデンプンを作り，それを使って生育することを明らかにしました．

ザックスはクノップらとともに，植物の水耕栽培の研究を行い，植物が成長するにあたってどのような成分を必要とするかを調べました．驚くべきことに，植物は無機栄養成分のみによって生育できることがわかり，その後，リービッヒらによって化学肥料が考案され，植物が土壌から吸収した分を補填すべきことなどが提唱されました．古来，人類は，洋の東西を問わず，草肥や堆厩肥などの有機物を土壌に施肥してきたわけですが，実は植物は直接有機物を吸収するのではなく，有機物が微生物の働きなどによって無機化されて初めて植物に吸収されるという発見は，大変な意外なことだったのではないかと思います．くり返しになりますが，リービッヒが「ひとつの必須成分が不足するか，欠如すると，他のすべてのものがあっても，そのひとつの成分を必要とするすべての作物に対して，土壌は生産力を持たなくなる」と述べたのは，肥料が植物に吸収されて栄養になるというよりは，土壌の生産力を高める手段と捉えられていたことを意味していると思います．

これから，植物にとって必須な無機栄養素が，植物体内でどのような役割を担っているかについて，今わかっている知識の概略を説明し，欠乏症の診断方法を解説します．本当は，どのようにして，そのようなことがわかってきたかが面白いところですが，省略せざるをえません．ただ一言だけふれておきますと，肥料が作物の栽培に有効であることは昔からわかっていましたが，その成分が具体的にどのような役割を担っているかが明らかになってきたのは，1950年代以降のことなのです．その後，だんだん肥料を土壌の側からではなく，植物の側から見ることができるようになり，植物栄養学という分野が発展することになりました．

窒素代謝と欠乏症

まず，三大要素といわれる窒素，リン酸，カリについて，順番に説明したいと思います．窒素は，空気中に約8割存在していますが，植物は直接空気中の窒素を利用することはできず，硝酸あるいはアンモニアの形で根から吸収します．イネやチャなど，アンモニア（NH_4^+）態窒素を好む植物は少数派で，ほとんどは硝酸（NO_3^-）態窒素を好みます．硝酸態窒素は根から吸収されたあと葉に送られ，硝酸還元酵素（nitrate reductase）という酵素によって亜硝酸（NO_2^-）に還元され，さらに亜硝酸還元酵素（nitrite reductase）によってアンモニアになり，グルタミンなどのアミノ酸に取り込まれ，タンパク合成の素材になります．

窒素の植物体内における役割としては，タンパク質の構成成分であること，酵素や補酵素の構成成分であるということを覚えてください．

欠乏症に関しては1）植物体全体にわたって一様に緑色が減じること，2）植物体が矮小になり，分げつが減少することをチェックしてください．窒素欠乏が疑われた場合は，尿素：$(NH_2)_2CO$ の 0.5 % 溶液を葉面散布して，葉の緑色が回復するかどうかを確認します．要素欠乏の確認をするときは，土壌中にその要素があっても根の機能障害によって吸収できずに欠乏症を示すことがありますので，必ず，葉面散布（foliar spray）をします．葉は英語で leaf といい，形容詞には leafy と foliar の二つがあります．leafy は「葉が多い」「葉が茂った」の意味で，たとえば，葉菜は leafy vegetables です．それに対して，「葉の」というときは foliar を使います．その他，造語するときには，ギリシャ語由来の phyll を使って，chlorophyll（緑の色素＝葉緑素）などもあり，ちょっとややこしいことになっています．

窒素の過剰症の場合，植物体は徒長しやすく，病虫害にかかりやすくなり，ストレス耐性が低下します．植物は窒素過多の場合，身体を大きくして体内窒素濃度を低下させようと努力します．

チャの場合，窒素施肥量と葉のテアニン（お茶のうまみ成分）が比例することが知られており，従来多量の窒素施肥が行われてきましたが，地下水の硝酸濃度が 100 ppm の基準を超える場合があることが指摘され，注意喚起がなされています．高濃度の硝酸態窒素はブルーベビー症候群の原因になるといわれ，環境汚染を防ぐためにも，過剰な窒素肥料は控えるべきとされています．

マメ科植物（legumes）の窒素固定にもふれておきましょう．マメ科植物は根粒菌（root nodule bacteria）と共生して根粒（nodule）を形成し，空気中の窒素を固定します（nitrogen fixation）．マメ科植物を輪作に組み込んだことが近代農業発展の基盤になったといえるほどで，根粒菌が世界史を動かしたといっても過言ではないかと思います．

根粒菌にはニトロゲナーゼ（nitrogenase）という酵素が存在して，空気中の窒素をアンモニアに変えることができます．近年，マメ科植物だけではなくて，トマトやヤムイモでも化学肥料を施さないような場合は，根粒菌との共生が起こることが観察されており，共生菌の同定や有効利用法の開発に関する研究が行われています．根粒菌がどのくらい窒素を固定するかは，アセチレン還元法といって，アセチレンで満たした密閉容器中に根を入れて，一定時間内にどのくらいのアセチレンを還元してエチレンにできるかをガスクロマトグラフで測定します．根粒がついている根を丁寧にすばやく洗うのがコツで，私の研究室でも測定が可能です．

ニトロゲナーゼという酵素は活性中心にモリブデンという遷移金属が存在しますので，モリブデンが少ない土壌では，根粒菌は発達しにくく，モリブデンを根粒にまぶして，畑に散布するようなことが行われます．根粒菌を接種することをイノキュレーション（inoculation）といいます．

実は，後で述べる窒素，リン酸，カリ以外の微量要素は，ほとんどが酵素の働きを補う機能をもっています．遷移金属は，電子が励起して軌道を飛びうつるときにエネルギーの交換が起きますので，酵素の活性中心に存在することによって，エネルギーを変換することができるのです．先ほど述べたニトロゲナーゼの場合，モリブデンが存在することによって窒素という気体をアンモニアに変換することができます．その他にも，私たちの血液中にあるヘモグロビンは，鉄が存在することによって酸素を取り入れますし，スーパーオキシドデスムターゼという活性酸素を除去する酵素の活性中心にはマンガンが存在します．植物ホルモンのエチレンを代謝する酵素やビタミンCを酸化する酵素は活性中心に銅が存在します．銅の鍋でホウレンソウを茹でるとビタミンCが減少するのはそのためです．私はあまり詳しくありませんが，量子生物学（quantum biology）という分野がありますので，興味がある方は調べてみてください．

ところで，先ほど，有機体である植物が無機栄養だけを吸収することが発見されたことは驚くべき出来事であったと述べましたが，実は植物はそこそこの大きさの有機物を根から吸収できるのではないかということが最近になってわかりつつあり，エンドサイトーシス（飲食作用：endocytosis）とよばれています．これは細胞表面にある物質を原形質膜が包み込んで小胞（vesicle）を形成し，その小胞が原形質膜から離れて細胞内部へ移動していく物質取り込み機構の総称です．

漁港で魚を解体するときに血がたくさん出るのですが，それを肥料にして植物に施与すると，そこに含まれるおよそ分子量8000くらいの物質がエンドサイトーシスによって直接根に取り込まれるという実験結果があります．まだ未知の分野ですので，とくに有機農業に関心がある方がいましたら，研究してみて欲しいと思います．

リン酸欠乏について

次はリン酸ですが，細胞膜のリン脂質二重膜，DNAやRNAのヌクレオチドリン酸，ATP（アデノシン3リン酸）の構成成分として含まれており，細胞の維持，細胞分裂の促進，エネルギー伝達，果実や子実の成熟促進などに決定的な役割を果たしています．

リン酸は土壌中のpHが低いとリン酸鉄やリン酸アルミニウムの形になり，pHが高いとリン酸カルシウムの形で不溶化します．したがってリン酸吸収が適切に行われるためには，土壌pHが適当であることが重要です．植物の根と共生するアーバスキュラー菌根菌がリン酸の可溶化に役立っていることが知られています．

リン酸が欠乏すると葉の幅が狭くなり，アントシアンという色素が蓄積して紫色になります．アントシアンは，寒さに遭遇したときにも蓄積することがあります．確認のためには第一リン酸カリ0.3％溶液を葉面散布して，症状が戻るかどうかを確認します．実は，欠乏症状が出てしまった場合，症状が出ているところを正常に戻すことはできない場合が多く，このような診断も善後策に役立てることしかできないことは，頭に入れて置いてください．

なお，次にカリ欠乏について述べますが，カリ欠はリン酸欠乏と全く違う症状を示しますので，同じ第一リン酸カリ 0.3 % 溶液処理で回復するかどうかを調べれば，リン酸とカリの両方の要素の診断が可能になります．

リン酸肥料には，さまざまなものがあり，肥料の話をするときにふれることにしたいと思います．有機農業の場合は，リン酸含量が高い魚粉や骨粉を施与するのが有効です．

リン酸過剰については，あまり発症しにくいというのが定説ですが，実際には日本では施設園芸栽培の場面，リン酸過剰症がかなり頻発しています．とくに根こぶ病などの土壌病害を助長することがわかっており，なかでもリン酸固定力が強い黒ボク土においては，リン酸肥料を控えめにすることが肝心です．

カリ欠乏について

次はカリについて説明します．実はカリが植物体内でどのような働きをしているのかは，なかなかはっきりしませんでした．たとえば，サツマイモのようなイモ類がカリ肥料を必要とし，焼畑の効果が高いことなどは昔から知られていましたが，それがどうしてなのかはよくわかりませんでした．ちなみにカリのことを英語で potassium といいますが，これは pot と ash を組み合わせたもので，灰のことを意味しています．アルカリというのもアラビヤ語で灰のことをさしており，カリウムが灰に多く含まれる成分であることを，まずは押さえておきましょう．さらに蛇足になりますが，ナトリウムは英語で sodium といい，複数では soda になります．炭酸水は通常，水に二酸化炭素を加えて作りますが，ソーダは水に重曹（炭酸水素ナトリウム）を混ぜて作りますので，ナトリウムが含まれます．

脱線しましたが，カリウムの植物体内での役割には，細胞内の浸透圧を保つ機能，孔辺細胞の膨圧を調整して気孔の開閉を調整する機能，サツマイモなどの顆粒性デンプン合成酵素を活性化する機能などが知られています．細胞内のカリウム含量は細胞の外の数十倍高くなっていることが多いため，細胞からどのくらいのカリウムが漏出しているかをECメーターで測ることによって，細胞膜のダメージを測定することが可能です．

カリウム欠乏症は，古い葉の葉縁部から黄化します．カリは一価のイオンのため，植物体内を移動しやすく，古い葉が新しい組織にカリを譲ることができるため，ほとんどの場合，古い葉の葉縁部から黄化します．診断のためにはリン酸の場合と同じで，第一リン酸カリの0.3％溶液を葉面散布して，症状が回復するかどうかを確認します．

カリの過剰症は，それ自体は目に見える特徴はありませんが，マグネシウムやカルシウムの拮抗阻害が起こり，マグネシウム欠乏やカルシウム欠乏が起こることがあります．また，カリウム過剰になると同じアルカリ金属のセシウムの吸収が抑えられるため，福島の放射性セシウム汚染土壌にカリ肥料を施与する研究が行われています．

カルシウム欠乏症について

ここからは微量要素になります．カルシウムは水分の流れに乗って受動的に移動するイオンです．したがって，気孔が開いていて蒸散が盛んに行われるような場合には欠乏しにくいのですが，高温多湿条件で気孔が開いていても蒸散がうまくいかず，水の流れがスムーズでない場合，カルシウム欠乏が起こりがちです．カルシウムはカルモジュリン（Ca modulated protein）という様々な代謝の調節にかかわっているタンパク質の成分になっており，さらにペクチンと結合して細胞壁を強化したりする役割があることも知られています．

カルシウム欠乏はとても特徴的な症状が出るため，それぞれに名前がついています．以下に紹介してみます．

トマトの尻腐病（blossom end rot）

キャベツの芯腐病，レタスの縁腐病（tip burn）

サトイモの芽つぶれ病（英語でも Metsubure といっています）

リンゴのビターピット（bitter pit）

カルシウム欠乏かどうかを診断するためには塩化カルシウムの 0.3 % 溶液を葉面散布します．過剰症はほとんど問題になりませんが，カリウムやマグネシウム，リン酸の欠乏症が出やすくなるといわれています．

マグネシウム欠乏症について

マグネシウムは葉緑体に含まれていることを御存じかと思います．したがって不足すると，主として光合成が盛んな活動中心葉（中段から上に位置する葉）が葉脈を残して，黄化します．硫酸マグネシウム1 % 溶液を葉面散布して，回復するかどうかで診断します．広葉だと網目状に，細葉だと縞状に黄化が観察されます．アルカリ土壌で，マグネシウム欠乏が起こりやすいことは，念頭に置いていただきたいと思います．

硫黄欠乏症について

硫黄は，メチオニン，システイン，ヒスチジンなどの含硫アミノ酸の構成成分であり，さまざまな生理代謝に関与しています．また，ネギ類の香りであるアルキルジスルフィドやアブラナ科の辛み成分であるアリルイソチオシアネート，ブロッコリースプラウトの成分で抗がん作用のあるスルフォラファンの構成成分になっています．植物ホルモンのエチレンの前駆物質もメチオニンです．硫黄欠乏は窒素欠乏に似ていますが，黄化は古い葉に多く見られます．火山国である日本では硫黄欠乏症はほとんど問題視されてきませんでしたが，カドミウム汚染水田などで硫黄欠乏が起こることが報告されており，その場合は，石膏や硫酸マグネシウムの処理が薦められています．過剰症としては，日本では老朽化した水田で硫化水素害が知られ，昔から秋落ち現象として知られていました．その場合は，間断灌漑などの対策を行います．

ケイ酸欠乏症について

ケイ素が問題になるのはイネ科作物です．ケイ素が多いと葉のガラス質が厚くなって耐病性が増すといわれています．ケイ酸カリ肥料が有効です．

ホウ素欠乏症について

ホウ素は花粉管の伸長や水分・カルシウムの代謝に関係していることが知られ，細胞壁に存在するペクチンとの結合が植物の生育に不可欠であるといわれています．欠乏症は成長点がとまって芯止まりを起こしたり，コルク化したりするのが特徴です．東海地方では，ホウ素欠乏が原因でナタネの不稔が起こったことがありました．欠乏症の診断には 0.3 ％のホウ砂を散布して回復するかどうかを観察します．アルカリ土壌で起こりやすいことが知られています．

ホウ素の過剰症は日本ではほとんど問題になっていませんが，症状が出た場合は pH を上げてホウ素を不溶化するのが有効です．

マンガン欠乏症について

マンガンは葉緑素の形成やスーパーオキシドデスムターゼによる活性酸素の除去などに関与しており，欠乏すると葉が小型になり，壊死が起こります．ミカンなどの果樹やナスで観察される場合が知られており，また老朽化した水田を畑転換した場合にも発生しやすいといわれています．硫酸マンガンの 0.5 % 溶液を葉面散布して，症状が回復するかどうかを観察します．

鉄代謝と欠乏症について

鉄欠乏は頻発しますので，是非特徴を覚えてください．鉄は葉緑素の形成に関与しますので，欠乏すると顕著な葉の黄化が起こります．二価のイオンで移動しにくいため，必ず新しい葉から黄化が起こります．土壌 pH が高いと，土壌中に鉄が存在しても鉄欠乏症が起こります．また根が傷んでいても鉄を吸えませんので，マルチをしたり防風ネットを張ったり，支柱を立てたりして根を守ることが重要です．診断のためには硫酸第一鉄溶液や EDTA 鉄の 0.5 % 溶液を葉面散布して，回復するかどうかを観察します．

過剰な場合，リン酸鉄などの形でリン酸を固定しますので，リン酸欠乏が起こります．

イネ科植物には，ムギネ酸という物質を根から分泌して鉄を効率よく吸収する仕組みが存在します．植物は，通常 2 価の鉄を吸収するのですが，ムギネ酸が働くと，3 価の鉄を吸収することができるようになります．現在，このムギネ酸を作る遺伝子を他の作物に導入して，アルカリ土壌でも栽培可能な作物の育種が試みられています．ムギネ酸は 1960 年代に岩手大学の高城成一教授によって発見され，英語で mugineic acid と命名されました．

イネ科牧草の鉄吸収作用

一方，ムギネ酸合成遺伝子を組み換え技術で導入しなくても，イネ科の牧草などを混植することによって鉄の吸収を促進することが可能で，バラ科の果樹園などでは，イネ科牧草との混植が推奨されています．

亜鉛欠乏症について

次は亜鉛について解説します．亜鉛は硝酸還元酵素やオーキシンの前駆体であるトリプトファンの合成に関係する酵素の活性中心となっており，窒素代謝やオーキシンの作用発現に関与しています．亜鉛が欠乏すると，葉が小型化したり，ロゼット化したり，萎縮叢生症（いしゅくそうせいしょう）といってオーキシンによる頂芽優勢（apical dominancy：茎の先端の芽が優先して成長し，周辺の液芽の生育が抑制される現象でオーキシンの濃度勾配によって制御されている）が崩れて枝の先端に小型の葉が群生するような障害が観察されます．また葉の左右が非対称になったり，トウモロコシの雄花が雌花化したりすることもあります．診断のためには0.2 %の硫酸亜鉛溶液を葉面散布して観察します．マンガンと亜鉛の欠乏症状は似ているので，厳密を要するときは実際に原子吸光分析やICPなどによって含有量を測定しなければならない場合があります．

銅の欠乏症について

銅の欠乏症状として各作物に共通の現象は，葉が真っ直ぐに伸長せず，折れ曲がったり，奇形になったりすることと，葉や枝の先端が枯死することです．銅が過剰になると根に著しい障害が起こり，鉄欠乏を起こすことが知られています．過剰症に敏感な作物として，クローバ，アルファルファ，ケシ，ホウレンソウ，トウモロコシ，インゲン，カボチャ，グラジオラスなどがあげられます．

モリブデン欠乏症について

モリブデンは先にふれたように根粒菌のニトロゲナーゼの活性中心

に存在します．欠乏すると葉がカップ状になることがあります．過剰症に敏感な作物としては，アルファルファ，キャベツ，カリフラワー，穀類，クローバ，パイナップル，ジャガイモ，インゲン，テンサイ，トマトがあげられます．

練習問題

それでは，実際にいくつかの典型的な例について，診断の練習をしてみましょう．

図35ですが，まず，葉を見て，何という作物かわかるでしょうか．これはサトイモです．古い葉の葉縁部分から黄化していますので，典型的なカリ欠乏です．

図35　サトイモのカリウム欠乏（著者撮影）

図36は，どうでしょうか．答えは，コムギのリン酸欠乏です．葉にアントシアンという紫色の色素が蓄積していることに注目してください．リン酸が実際に土壌中に欠乏しているのか，pHが不適合でリン酸が吸えないのかをまず調べる必要があります．

図36　コムギのリン欠乏（著者撮影）

図37の木は，インドネシアで撮影したアカテツ科のチューインガムの木です．サポジラともいいます．先端の新しい葉が黄化しているのは典型的な鉄欠乏です．この場合は，土壌がアルカリ性のために鉄が吸収できなくなっており，対策としては硫安

図37　チューインガムの木（サポジラ）の鉄欠乏（著者撮影）

などの酸性化を促す施肥をするか，あるいはムギネ酸を分泌するイネ科の牧草を混植するかなどを考えるのがよいと思います．この樹から採れる白色の樹液をチクルといって，これからチューインガムが作られます．

図 38　ヨウテイボク（羊蹄木）のマグネシウム欠乏（著者撮影）

図 38 の樹はムラサキソシンカというマメ科の樹木で，葉の形が羊の蹄に似ているので羊蹄木（ヨウテイボク）といったりします．葉脈を残して葉が黄化しており，マグネシウム欠乏であることがわかります．中位から上位にかけての活動中心葉に症状が集中して出ていることを確認してください．

図 39　トマトのカルシウム欠乏（著者撮影）

図 39 はトマトの尻腐病です．高温多湿になると気孔を開いても蒸散が起こりにくく，水の流れが鈍くなってカルシウム欠乏が起こりやすくなります．とくに未熟な果実で起こる傾向にあり，ファンで風をまわしたりして蒸散を促すと軽減できるという報告があります．

図 40　ラッカセイの鉄欠乏（著者撮影）

図 40 の写真は，私がインドネシア領パプアを訪問したときに撮ったラッカセイの写真です．乾燥と山火事が続いた山岳地域でヴォランティア活動をしたのですが，その時に見付けた鉄欠乏です．新しい葉で黄

化が見られることを確認してください．このときは土壌pHが高いためではなく，根が乾燥によって傷んでいたために鉄の吸収が阻害されていたのが原因で，マルチをすることを勧めてきました．マルチというのは根を覆うカヴァーのことで，パプアではヤシの葉などを利用します．熱帯では直射日光が当たると，裸地の場合，地温が50℃以上になることも稀でなく，根が傷みやすくなりますので，マルチで保護することが有効です．激しい雨滴による表土の流亡（soil erosion）を防ぐ効果もあります．

図41の写真は，本講の冒頭でお話ししたエピソードに出てきたドミニカのコショウです．新しい葉が黄化しているのは鉄欠乏，活動中心葉の葉脈を残して黄化しているのはマグネシウム欠乏です．コショウはつる性の植物で，必ず支柱木を必要とするのですが，しっかりと結わえてなかったために風で根元がぐらぐら動いて，根に負担がかかり，鉄やマグネシウムの吸収が阻害されたと考えられました．

図41　コシュウのカリウムおよびマグネシウム欠乏（著者撮影）

指標植物

さて，表3は，どの作物でどのような要素欠乏が起こりやすいかを纏めたものです．窒素とカリとマグネシウムはすべての植物で欠乏症が起こりうることがわかるかと思います．またムギ類が多くの要素に対して欠乏症を起こしやすいこともわかるかと思います．この表は，それぞれの作物を栽培するときに注意すべき欠乏症を示しているのですが，むしろ，指標作物として畑や田圃に植えてみて，どのような要素が欠乏しがちか診断するのに有効です．よく畑にムギが植えてある

表３　作物別要素欠乏症発現の難易度一覧表
（⊙非常に起こりやすい，◎起こりやすい，○起こる，☆ほとんど起こらない）

作物名	窒素	リン酸	カリ	Ca	Mg	B	Mn	Fe	Zn	Mo
水稲	◎	○	○	☆	○	☆	○	○	○	☆
陸稲	◎	○	○	☆	○	☆	○	⊙	○	☆
ムギ類	⊙	◎	◎	☆	⊙	☆	◎	○	☆	☆
キュウリ	⊙	○	◎	○	◎	○	☆	○	☆	☆
トマト	◎	○	○	⊙	⊙	◎	○	○	☆	○
ナス	◎	○	○	☆	⊙	○	☆	○	☆	☆
ピーマン	◎	○	⊙	◎	◎	☆	☆	☆	☆	☆
スイカ	⊙	○	◎	○	◎	○	☆	☆	☆	☆
イチゴ	○	○	◎	○	◎	○	☆	☆	☆	☆
キャベツ	◎	○	⊙	◎	◎	○	☆	☆	☆	○
ハクサイ	◎		◎	⊙	⊙	◎	☆	☆	☆	☆
タマネギ	○	○	○	◎	○	○	☆	☆	☆	☆
レタス	○		○	◎	◎	◎	☆	☆	☆	◎
ホウレンソウ	◎	○	◎	⊙	⊙	◎	○	○	☆	○
シロナ	◎	○	○	○	⊙	○	☆	☆	☆	☆
セルリー	◎	○	◎	○	⊙	⊙	☆	☆	☆	☆
ネギ	◎	○	○	○	○	☆	○	☆	☆	☆
アスパラガス	◎	○	○	○	◎	◎	☆	☆	☆	☆
ハナヤサイ	◎	◎	○	○	⊙	◎	☆	☆	☆	◎
ブロッコリー	◎	◎	○	○	◎	◎	☆	☆	☆	◎
ダイコン	◎	○	◎	○	⊙	◎	○	☆	☆	○
ニンジン	◎	○	○	☆	◎	○	☆	☆	☆	☆
ジャガイモ	◎	○	⊙	○	◎	◎	☆	☆	☆	☆
サツマイモ	○	○	◎	○	◎	◎	☆	☆	☆	☆
ダイズ	○	○	◎	○	◎	☆	○	☆	☆	☆
ナタネ	○	⊙	○	○	⊙	◎	○	○	☆	○
ミカン	○	☆	○	○	⊙	◎	◎	○	◎	○
リンゴ	○	☆	○	☆	◎	◎	○	☆	○	☆
カキ	○	☆	○	☆	○	☆	☆	☆	☆	☆
ナシ	○	☆	◎	☆	◎	○	○	☆	○	○
ブドウ	○	☆	◎	☆	⊙	◎	○	☆	○	☆
モモ	○	☆	⊙	☆	⊙	○	○	☆	☆	☆
ウメ	○	☆	○	☆	◎	○	○	☆	☆	☆

（註）　同一作物でも品種，生育ステージ，土壌および気象条件，さらに他の要素とのバランスなどによっても欠乏症の発現の有・無・程度が著しく異なる．本表は利用者の便をはかって大胆な区分を試みた．実際の活用にあたっては弾力的に利用されたい．
（高橋英一・吉野実・前田正男『原色作物の要素欠乏・過剰症』農山漁村文化協会，1980）

のを見かけると思いますが，畑の水はけを見たり，どのような欠乏症が出るかを見て畑の状態を確かめたりするわけです．また，トウモロコシなどを栽培して，前作から持ち越した残存している過剰な肥料成分を吸い上げさせて，次作の準備をすることもあります．こういう作物をクリーニングクロップ（浄化作物）といったりします．

たとえば，リン酸欠乏はナタネが指標作物として有効なことがわかっています．

最後に，要素欠乏ではありませんが,，大気汚染物質に敏感に反応する植物についてふれておきたいと思います．先ほど，要素欠乏の指標作物の話をしましたが，オゾン，PAN（光化学スモッグ），二酸化硫黄，フッ化水素，エチレンに敏感な作物が知られていますので，それらを環境評価のための指標にすることが可能です．オゾンの場合は，葉の表面，光化学スモッグの場合は葉の裏面がダメージを受けるのですが，オゾンに敏感なのはアサガオやサトイモで，たとえば，日本各地のアサガオとサトイモの葉の表面の様子を観察すると，それぞれの地域におけるオゾン量を推測することが可能です．光化学スモッグの場合はペチュニアが指標作物として有効で，葉の裏がツルツルして光沢が出てきます．

また，サツキの花は酸性雨の指標となります．東京農大近くの世田谷通り沿いでも，サツキの花がところどころ，色が抜けている箇所が観察されます．これは酸性雨の影響で，雨が降った後で，急に晴れたりすると，水滴が蒸発して酸の濃度が高くなり，ひどい場合には穴が空く場合もあります．気になる人は，帽子を被ったほうがよいかもしれません．

環境浄化植物

図42に掲げた論文記事は重金属を浄化する植物を紹介したものです．亜鉛やカドミウムを高濃度で蓄積する植物が紹介されており，土壌の浄化に利用できる可能性が示唆されています．写真の *Alpine pennycress* はアブラナ科グンバイナズナ属の植物ですが，体内に有毒な金属を蓄積することによって，病原菌や動物による食害を阻止していることが示唆されています．もし時間があったら，長い記事ではありませんので，是非読んでみてください．様々なところで，今後環境浄化に有効利用できる可能性があるかもしれません．

Plants help clean up toxic soils

Fig. 1. Alpine pennycress (*Thlaspi caerulescens*) cleans up soils by removing the excess zinc and cadmium. *Photograph by Keith Weller, courtesy of USDA, USA.*

Leon V. Kochian (Agricultural Research Service, Ithaca, NY, USA) studies plants such as alpine pennycress (*Thlaspi caerulescens*; Fig. 1), which thrives on soils contaminated with high levels of zinc and cadmium, and *Amaranthus retroflexus*, which removes up to 40 times more radiocesium from soil than other plant species tested. A typical plant can accumulate ~100 parts per million (ppm) zinc and 1 ppm cadmium. *Thlaspi* can accumulate up to 30 000 ppm zinc and 1500 ppm cadmium in its shoots while exhibiting few or no toxicity symptoms. A normal plant can be poisoned with as little as 1000 ppm of zinc or 20 to 50 ppm of cadmium in its shoots. Rufus Chaney and colleagues (USDA, Beltsville, MD, USA) have patented a way to use plants to sequester nickel, cobalt and other metals. Alpine pennycress take up metals through their roots and store them in their leaves to protect themselves from chewing insects and plant diseases. Ashes of plants grown on a high-zinc soil yield 30–40% zinc, the equivalent of high-grade ore. (http://www.ars.usda.gov/is/AR/archive/jun00/soil0600.htm).

図42　重金属集積植物
(De Vries, Trends in Plant Science 5:367, 2000)

第７講　土つくりについて

本講では土つくりについて話をしますが，「土は生きている」ということをまず認識していただきたいと思います．古来，人々は，自らが土から生まれ，土に返る存在であることを自覚しながら，土を耕し，土つくりを行いました．トム・デールとヴァーノン・ギル・カーター（1955）は『世界文明の盛衰と土壌』という書物の中で「人間の創った帝国や文明の大半の宿命が，土地利用のやり方によって大きく左右される」と述べており，「大抵の場合，文明が輝かしいものであればあるほど，その進歩的な存在は短かった．というのは，主として文明人自身がその文明の発達に役立った環境を掠奪し，荒廃させたためである」と結論しています．また，E．F．シューマッハー（1972）も『スモール・イズ・ビューティフル』の中で「物的資源の中でいちばん偉大なものは，疑いもなく土地である．ある社会が土地を利用する仕方を探れば，その社会の行く末をかなり正確に予言できる」とまでいっています．

人が土とどう接するかは，どうやって収量を向上させるかという栽培上の問題であるだけでなく，私たちの文明や社会が，どういう方向に向かって歩んでいくのかを象徴しているといえるのです．

土と文明

最初の講義の時に，「大地は祖先から受け継いだのではなく，子どもたちから借りているのだ」というシルギューイの言葉を紹介しましたが，土に生きる，あるいは土と生きる私たちは，この言葉を何度も噛み締めることが必要だと思います．土は大気汚染や水質汚染を浄化するフィルターの役割を果たしていますが，土のもつこのような環境浄化機能のキャパシティーを超えてしまいますと，汚染物質は海洋に放出されてしまいます．アメリカの環境学者であるバリー・コモナーが警告しているように，「すべてのものはすべてのものと繋がっており，すべてのものは必ずどこかに行く」ことを考慮すれば，環境汚染によって地球が破綻するか，あるいは何とか持ちこたえることができるのかは，私たちがいかに土を扱うかにかかっているといっても過言ではないと思います．

「耕す人」

図 43 のエッチングはジャン・フランソワ・ミレーが 1856 年から 1857 年にかけて制作したエッチングの『耕す人』です．耕すという作業は，アダムが楽園で神から命じられた最初の労働であり，さまざまな意味で，私たちの生き方に示唆を与えてくれると思います．種を播く前に，畑を耕して，準備をするわけですが，それは，祈りと感謝の行為といってよいのではないでしょうか．私はミレーの絵をとおして，土とどのようにかかわるべきかという姿勢を問われているような気がしています．

さて，以前も確認したことですが，英語で農業のことを agriculture といい，この言葉は「土を耕す」ことを意味していました．農業の根本が，耕すことであり，土つくりであるということを，改めて強調しておきたいと思います．

図 43　耕す人　ミレー，1855

土が農業だけでなく，私たちの暮らしを支える物質循環あるいはエネルギー代謝の要になっていることも確認しておきましょう．作物が太陽エネルギーをデンプンなどの貯蔵物質に変換するにあたっては，根から吸い上げた水分や養分が安定的に供給される必要がありますので，植物の根と土壌中の微生物の共生が重要です．そこで人は土を耕し，肥料を施します．しかし，近代の農業は，土つくりを軽視し，化学肥料のみによる増産をめざしてきましたので，土は単なる植物の支持体と見做されるようになり，土壌有機物が貧困化し，土壌微生物も少なくなって，環境浄化機能が失われつつあります．農業がビジネスになり，農民の営農活動よりも，化学肥料や農薬，農業機械メーカーが力をもってきたことも，このような傾向に拍車をかけました．

土は生きている！

土は生きているといいましたが，土壌がどのように生まれ，成長してきたのかを見てみましょう．植物が根を張って，水分や養分の供給を受けるのは，地表のごく薄い層にすぎません．しかし，この薄い層も，気が遠くなるほどの年月をかけて，私たちのために作られてきました．私たちは，作物の根が利用できる特別な土のことを「土壌」とよぶことにします．英語ではsoilです．土壌の「壌」は，謙譲の「譲」や醸造の「醸」，令嬢の「嬢」と同じように，よく準備して作られた柔らかいやさしい存在を意味します．謙譲はこなれたやさしい言葉を使うことですし，醸造は発酵させて軟らかく変化させることをさしています．令嬢は物腰が穏やかで，言葉遣いも優しい女性をいうことはいうまでもありません．土壌も，耕された，軟らかい，やさしい土のことをさすわけです．

土壌は，地表における気候・生物・母材・地形などの自然環境因子と人間活動および時間的因子の影響のもとで形成されます．岩石鉱物の風化物である無機物質と動植物・微生物の相互作用によって物理性・化学性・生物性の異なる土層が垂直に分化してできた体制（システム）を土壌とよび，植物の根の伸長生育を支持する部分ということができます．

図44を見てください．地球表面に露出した岩石①が，日照や風雨に曝され，次第に物理的に崩壊・細粒化し，同時に化学成分が溶出し，組成成分が変質します（風化作用）②．風化作用を受けた岩石がさらに物質の溶脱と集積，分解と合成，酸化と還元，有機物の付加・移動・集積などの作用を受けると特有の断面形態をもつようになり，これを土壌化作用とよびます③．ここにさらに植物の根が浸透し，落ち葉や動植物の死骸が腐植となって，層を形成するようになります④～⑥．

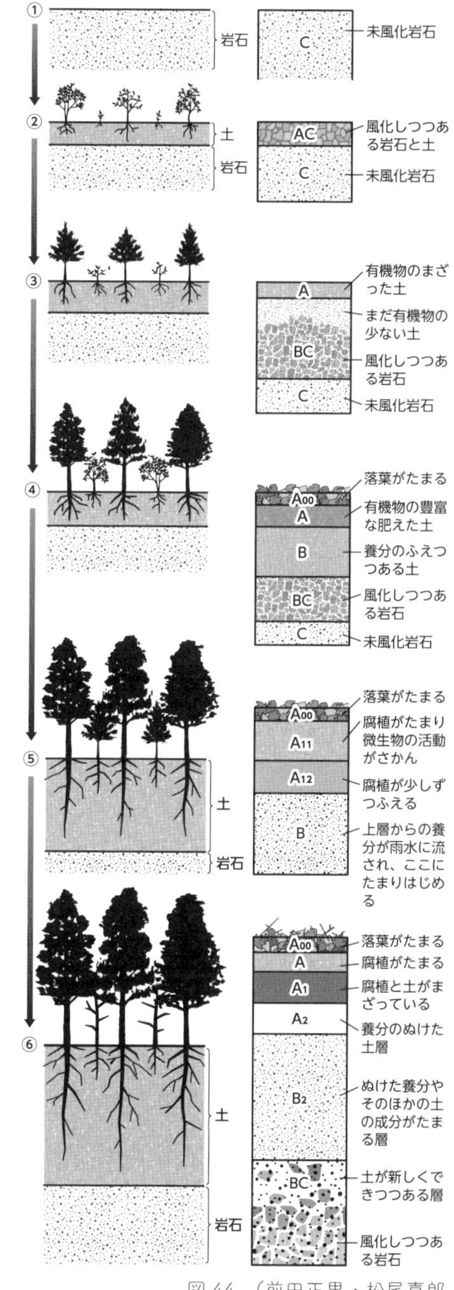

図44（前田正男・松尾嘉郎『図解土壌の基礎知識』農山漁村文化協会，1974，所収の図をもとに修正し作成）

現代土壌学の父，ドクチャーエフ

土壌が，単なる物質でなく，変化する（進化する）存在で，多様性に富む生態系であると定義したのは現代土壌学の父と称されるロシアのヴァシリー・ドクチャーエフ（1846−1903）です．彼は土壌生成の条件は「土壌断面がつくられる条件である」という印象深い言葉を残しています．この断面は，歴史でありつつ，現在なのです．

ドクチャーエフ以前は，土壌は「岩石表層の細かく砕かれた部分」であると考えられていました．しかしドクチャーエフは「土壌とは，地殻の表層において岩石・気候・生物・地形ならびに土地の年代といった土壌生成因子の総合的な相互作用によって生成する岩石圏の変化生成物であり，多少とも腐植・水・空気・生きている生物を含み，かつ肥沃度をもった独立の有機−無機自然体である」というまったく新しい定義づけをしました．ドクチャーエフによれば，土壌は，リンネ以来の植物界・動物界・鉱物界に加えるべき第四の自然界にほかなりませんでした．

さらに，ドクチャーエフは『自然帯論』（1899）および『土壌の自然帯，農業地帯，コーカサスの土壌』（1900）の中で，独立した自然体とみなされる土壌は他の自然の要素と結びついているために，気候・植生など成帯性をなす要因と連動し，土壌自身も必然的に成帯性をもつようになると述べています．この特徴を，「土壌の成帯性」とよびます．

土壌分布図

ここで，世界の土壌分布図（図 45）を眺めてみましょう．ロシアのチェルノーゼムなど，高校で習ったかもしれません．皆さんに世界の典型的な土壌の名前を覚えてもらおうと思っているのではなくて，ここでは，ドクチャーエフがいったように，特徴ある土壌が，おおよそ

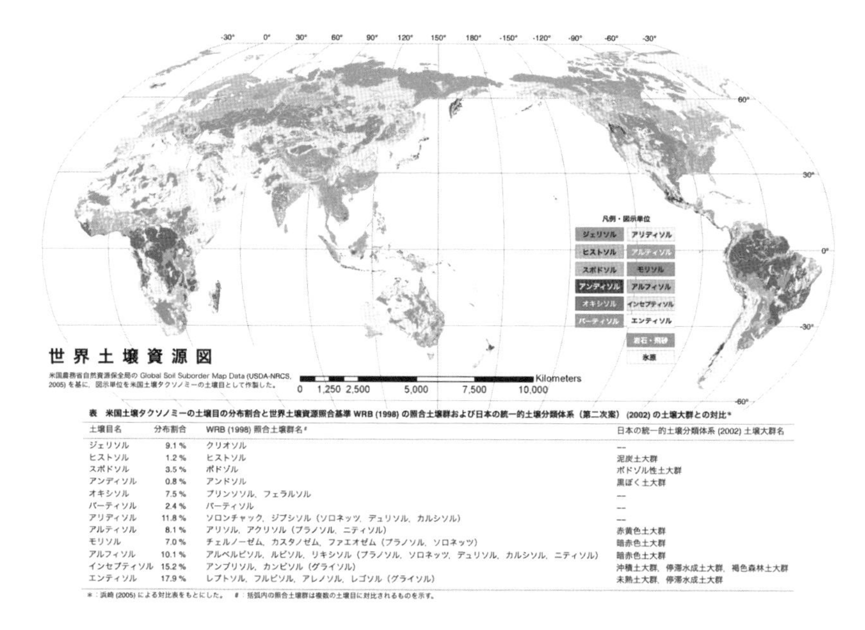

表　米国土壌タクソノミーの土壌目の分布割合と世界土壌資源照合基準 WRB (1998) の照合土壌群および日本の統一的土壌分類体系（第二次案）(2002) の土壌大群との対比*

土壌目名	分布割合	WRB (1998) 照合土壌群名#	日本の統一的土壌分類体系 (2002) 土壌大群名
ジェリソル	9.1 %	クリオソル	—
ヒストソル	1.2 %	ヒストソル	泥炭土大群
スポドソル	3.5 %	ポドゾル	ポドゾル性土大群
アンディソル	0.8 %	アンドソル	黒ぼく土大群
オキシソル	7.5 %	プリンソソル，フェラルソル	—
バーティソル	2.4 %	バーティソル	—
アリディソル	11.8 %	ソロンチャック，ジプシソル（ソロネッツ，デュリソル，カルシソル）	—
アルティソル	8.1 %	アリソル，アクリソル（プラノソル，ニティソル）	赤黄色土大群
モリソル	7.0 %	チェルノーゼム，カスタノゼム，ファエオゼム（プラノソル，ソロネッツ）	暗赤色土大群
アルフィソル	10.1 %	アルベルビソル，ルビソル，リキシソル（プラノソル，ソロネッツ，デュリソル，カルシソル，ニティソル）	暗赤色土大群
インセプティソル	15.2 %	アンブリソル，カンビソル（グライソル）	沖積土大群，停滞水成土大群，褐色森林土大群
エンティソル	17.9 %	レプトソル，フルビソル，アレノソル，レゴソル（グライソル）	未熟土大群，停滞水成土大群

＊：浜崎 (2005) による対比表をもとにした。　#：括弧内の照合土壌群は複数の土壌目に対比されるものを示す。

図 45　土壌教育教材としての日本および世界土壌図の試作
（菅野均志・平井英明・高橋正・南條正巳「日土肥講要 55」p.201(2009)
京都大学農学部 (2009.9.15 ～ 17)）

帯状に分布していることを確認していただければよいと思います．

土壌生成作用

それでは，ドクチャーエフがいった土壌生成作用について，もう少し詳しく見てみましょう．ここでは最初の風化作用と，続く土壌生成作用について，纏めておきます．

1）物理的な風化

①除荷作用……岩石が表面にでてくるとそれまでかかっていた圧力がなくなる

②温熱作用……温度の変化でひずみが生じる．ひびが入り崩壊する

③凍結破砕作用……割れ目の水が凍結する

④スレーキング作用……ガスが入る

⑤塩類風化……割れ目に集積した塩類が結晶化する

2）化学的な風化……空気や水に溶けている物質の働きによって化学組成が変化する

①溶解作用……塩類を溶かす

②加水分解……水の解離　水素イオンなどと岩石が反応して分解

③水和分解……水が岩石中の鉱物と結合

④酸の作用……雨水に含まれる炭酸の作用によって風化

⑤酸化作用……大気中の酸素によって酸化．鉄やマンガンなど

3）土壌生成作用……まず，養分をほとんど必要としない地衣類（菌類・藻），苔類が生じ，これらが無機物を分解して生じた養分をもとに微生物や小さな植物が生育する．植物は光合成により有機物をつくるとともに，遺体は腐植として残存する．この腐植が堆積することで，土壌が生成されていく．こうして，腐植が堆積することにより，土壌層，つまり土層の分化が生じる．

土壌の表面には，落ち葉や枯れ枝が堆積した有機物層であるO層が位置し，つぎに続く土壌層位は，上からABCとよばれ，A層は腐植層，B層は集積層，C層は母材となっています．

こうして土壌は，風化と土壌生成作用を受けて層状に分化します．最初は無機成分が主ですが，やがて有機成分が増え，土壌が形成されます．

土壌の表面に堆積した植物遺体に含まれる多糖類，ヘミセルロース，セルロース，脂質，タンパク質などは微生物によって分解され，その大部分は水，二酸化炭素，アンモニアなどの無機物に変わりますが，ごく一部は十分分解されずに中間代謝産物として残存し，土壌固有の

腐植物質に変化します．腐植はカルボキシル基，フェノール基などの官能基を持ち，その末端の水素 H^+ が pH の上昇により解離して，COO^-，O^- のように負荷電を発現し，酸に対する緩衝力を発揮します．

農耕地では，作物体が収穫されて生態系の外へ持ち出されがちで，植物遺体としての有機物の供給が減りますので，土壌中の腐植物質は徐々に減少します．そのため，堆肥などの有機物資材を投入して土壌の有機物量を維持することが必要です．腐植は，腐植酸，フルボ酸，ヒューミンとよばれる物質群からなっています．

土壌を構成する固形物質の90％以上は鉱物です．この鉱物には，岩石に造岩鉱物として含まれていたものがやや細粒化して土壌に継承されたものと，岩石の風化過程で新たに生成した鉱物とがあり，前者を一次鉱物（石英・長石，雲母，輝石，角閃石（かくせんせき），火山ガラスなど），後者を二次鉱物（層状ケイ酸塩鉱物，酸化・水酸化鉱物）といいます．これらは粒径の大きさにより，礫（れき），砂，シルト，粘土に区分され，これら組成割合を土性（soil texture）といいます．普通，粒径が細かくなるほど化学的風化を受けており，ケイ酸含有率が低下します．粘土は負荷電をもち，風化溶出した交換性塩基を吸着します．粘土は有機物と化学結合し，遊離のケイ酸や鉄およびアルミニウムが結合剤となって粒子同士を結びつけ団粒を形成します．これらの一次鉱物については，もう少し具体的に述べてみたいと思います．

土壌を構成する鉱物

まず，風化しやすい鉱物，つまり，シルト（微砂）に多く含まれている鉱物は，ケイ酸塩鉱物とよばれます．カンラン石は，ケイ酸とマグネシウムと鉄が化合したもので，輝石，角閃石，黒雲母は，アルミニウムケイ酸塩です．

カンラン石の構造をみると，ケイ素と酸素にマグネシウムと鉄が組み込まれており，これが風化すると，マグネシウムと鉄が離れて，植物に吸収されます．つまり，カンラン石を含む土壌は，交換性マグネシウムが多い土壌といえます．

カンラン石は，オリーブ色で，あめ状の光沢があります．角閃石は，その名のとおり，黒い角柱状でキラキラと光っています．輝石は，角閃石より光沢は鈍く，黒い短柱状を示します．黒雲母は，黒い薄片（はくへん）状の粒子ですが，風化すると，金や銀色になりますので，白雲母と区別するのは簡単ではありません．

次に，風化しにくい鉱物についてみてみましょう．白雲母，正長石は，アルミニウムケイ酸塩鉱物で，石英はケイ酸，つまり酸化物鉱物に分類されます．これらは，非常に風化しにくいために，土壌中にそのまま存在します．つまり，土壌中に広く，多量に存在する鉱物といえます．

白雲母は，銀色の薄片状の粒子で薄くて剝がれやすい性質をもっています．正長石は，桃色がかった白色をしています．石英は，ガラス片のように透明でキラキラしていますが，風化が進むと曇りガラスのように濁ります．

これらの一次鉱物は，ルーペなどでも観察できます．土を蒸発皿などにとり，水を入れて，泥水を取り除き，上澄み液が透明になるまで，水を交換すると，最後に鉱物が残り，これを観察するわけです．

ケイ酸塩鉱物の基本単位は，ケイ酸四面体で，ケイ素に酸素が四面体の形で結合しています．このケイ酸四面体どうしの結合の仕方が複雑なほど，風化を受けにくくなります．風化を受けにくいものは，土壌に多く残存することになり，砂画分でも粒子の大きい，粗砂や細砂などにみられます．

二次鉱物は，ケイ酸塩鉱物と酸化物・水和酸化物に区分されます．

ケイ酸塩鉱物には，結晶性のものと非結晶性のものがあります．酸化物・水和酸化物は主に熱帯や亜熱帯の土壌における二次鉱物です．

結晶の基礎構造をみてみると，ケイ酸に四つの酸素が結合したケイ酸四面体，アルミニウムもしくはマグネシウムを中心に酸素もしくは水酸基 OH が取り囲んでいる八面体になっています．

このケイ酸四面体あるいはケイ酸八面体が平面的にくり返された層をケイ酸四面体層格子あるいはケイ酸八面体層格子とよび，層状のケイ酸塩鉱物の基礎構造となっています．

この２種類の格子が１層ずつ組み合わさったものを１：１型鉱物とよび，カオリナイト，ハロイサイトが挙げられます．カオリナイトとハロイサイトは，総称してカオリン鉱物ともよばれます．カオリナイトは，底面間隔（結合した層と層との間隔）が７オングストローム（Å），ハロイサイトは，カオリナイトよりも結合が緩やかで，結晶層の間に水分子が入ります．水分子が入った状態で，底面間隔は 10Å になります．

一方，二つの四面体を八面体で挟んでいるのが１：２型鉱物です．スメクタイト，イライト，バーミキュライトの３種類です．スメクタイトは，モンモリロナイト，バイデライト，ノントロナイトの総称です．モンモリロナイトはケイ酸四面体層－アルミナ八面体層－ケイ酸四面体層の３層が積み重なっており，その単位層は厚さ約 10Å です．バイデライトはケイ酸四面体がアルミニウムケイ酸塩の四面体に，ノントロナイトは，八面体の中心がアルミニウムの替わりに鉄になっています．

イライトは，構造が雲母に似ていることから，雲母様鉱物ともよばれます．層と層の間にカリウムが入っており，層格子間の結合が強くなっています．

バーミキュライトは，雲母やイライトから，層間のカリウムがとれたりして生成されます．モンモリロナイトほどではありませんが，隣り合う層格子間の結合がゆるくなっており，層の間に大量の水分を保持することが可能です．世界で最も肥沃な土壌といわれているチェルノーゼムはモンモリロナイトやバーミキュライトを多く含んでいます．

他方，黒ボク土に代表される粘土鉱物では，非晶質（結晶ではない固体）のケイ酸からなるアロフェンがみられ，火山灰に由来した土に多く含まれます．外形が30～50オングストロームの中空球状の粒子からなるのが特徴で，ケイ酸，酸化アルミニウム，水が大部分を占めています．表面に活性アルミニウムが多くみられるために，リン酸を多量に吸着する特徴があります．

土壌の世界

ドクチャーエフが土壌を植物界・動物界・鉱物界に継ぐ第四の自然界だと称したことはすでに述べました．自然界ということは，系つまりシステムだということですから，個々の要素をバラバラにリストアップするのではなく，相互に連関してネットワークを形成していることに注目しなければなりません．これまで説明してきました一次鉱物，二次鉱物に加え，空気や水，養分，植物の根と土壌微生物，土壌有機物，その他の生物が，土壌という自然界の住人であるといってよいでしょう．

よい土のめやす

図46には「よい土のめやす」と書かれています．私たちが実際に農業をする場合に，まずチェックしなければならない項目が上げられていますので，確認しましょう．

まず，左上の土壌pH，これは酸性かアルカリ性かの指標です．水素イオン濃度のことで，pはかならず小文字で書いてください．昔はペーハーとドイツ語で読んでいましたが，最近はピーエッチと英語読みするのが普通です．

次に，CEC（Cation exchange capacity），これは陽イオン置換容量といって，どのくらい陽イオンを保持できるかを示す指標で，保肥力を表します．CECの測定は，pH7の1N酢酸アンモニウムを土壌に飽和させ，すべての陽イオンをアンモニアに置換します．その後，1Nの塩化カリウムで土壌を洗浄することで，アンモニアをすべて流して回収し，そのアンモニアを定量することで，CECを算出します．

有効リン酸は，植物が吸収できる形態のリン酸含量のことです．

腐植含量は，土壌中の腐植の量を示し，土壌有機物の指標になります．

土壌硬度は土の硬さです．

三相分布は土壌中の気相，液相，固相の割合を示す指標です．

遊離鉄は，植物が吸収できる鉄の量，有効ケイ酸は水田でイネが利用できるケイ酸量を示します．このくらいをチェックすれば，おおよ

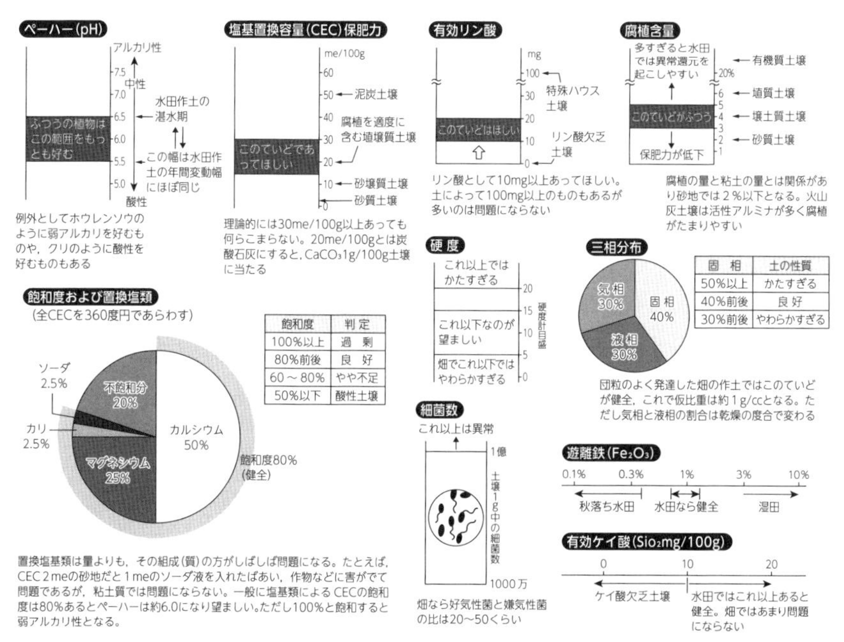

飽和度	判定
100%以上	過　剰
80%前後	良　好
60〜80%	やや不足
50%以下	酸性土壌

固　相	土の性質
50%以上	かたすぎる
40%前後	良 好
30%前後	やわらかすぎる

図46　よい土のめやす（前田正男・松尾嘉郎『図解土壌の基礎知識』農山漁村文化協会，1974，所収の図をもとに修正し作成）

そのことがわかりますが，もし微量要素欠乏などが起きている場合は，原子吸光分析器やICP（高周波誘導結合プラズマ発光分光分析法）などで詳しい成分分析を行うこともあります．

土壌の酸性化

図47は，土壌が酸性化するメカニズムの説明図です．すでに何度かふれましたが，土壌に有機物が多く含まれると腐植中にあるカルボキシル基やフェノール基が電離して，マイナスに帯電しますので，肥料成分である陽イオンを補足することができ，これをCEC（陽イオン置換容量）として表します．

土壌に硫安とか硝安などの酸性肥料を多投入すると，Hイオンが土壌中に増えて，Ca^{2+}，Mg^{2+}，K^{+}，NH_4^{+} などが追い出され，Hイオンと入れ替わります．こうして土壌中のHイオンが増えて，土壌中の水素イオン濃度が高まり，酸性化が進みます．窒素，リン酸，カリのほか，カルシウムも酸性土壌では吸収が阻害されます．土壌の酸度矯正が必要な理由はここにあります．

酸性土壌を好む作物として，イネ，エンバク，ライムギ，パイナップル，トウモロコシなどが挙げられ，逆にアルカリ土壌を好む作物としては，ホウレンソウ，オオムギ，レタスなどが挙げられます．最近，パッションフルーツはpHが4くらいの強酸性土壌を好むことが報告され，私たちは驚きました．

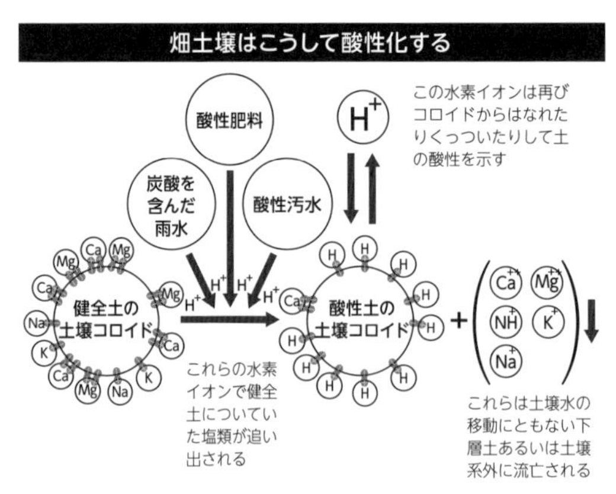

図47（前田正男・松尾嘉郎『図解土壌の基礎知識』農山漁村文化協会，1974，所収の図をもとに修正し作成）

酸性土壌を矯正するためには，苦土カル（炭酸カルシウムと炭酸マグネシウムの混合物：苦土石灰ともいう）を用います．苦土カルというのは宮沢賢治の命名なのだそうです．石灰（$CaCO_3$）を多用すると土壌中のカルシウム含量が高くなり，拮抗阻害によるマグネシウム欠乏が起こりがちなので，苦土カルが多く使われます．豆腐を固めるときに使う塩化マグネシウムを多く含む凝固剤を「苦汁（にがり）」といいますが，マグネシウムは苦みを呈するので苦土とよばれるのです．

土壌の性質

土壌の性質は，1）物理的性質，2）化学的性質，3）生物的性質に分けて考えられます．一方では，先ほど説明したように，土壌は一つの世界であり，構成要素の相互連関を捉えることが大切なのですが，分析的に捉えることにもメリットがあります．もちろん，実際には土壌から物理的性質，ないしは化学的性質，あるいは生物的性質だけを抽出するということは不可能なのですが，様々な角度から土壌を捉えるという訓練としては，有益ではないかと思います．いずれにせよ，常に重層的な組み合わせについて考察することが大切だと思います．

1）物理的性質として水はけ，2）化学的性質として土の酸性度，3）微生物的性質として動植物の死体の分解，4）物理的性質と化学的性質の重なった部分では保肥力，5）化学的性質と生物的性質の重なった部分では土の還元力，6）生物的性質と物理的性質の重なった部分では土の軟らかさ，そして7）物理的性質，化学的性質，生物的性質のすべてが重なった部分が，いわゆる地力を表すといってよいでしょう．

土壌調査をしてみよう

私たちが実際にできる土壌調査について，いくつかやり方を紹介してみたいと思います．まず穴を掘ってみて，ドクチャーエフがいって

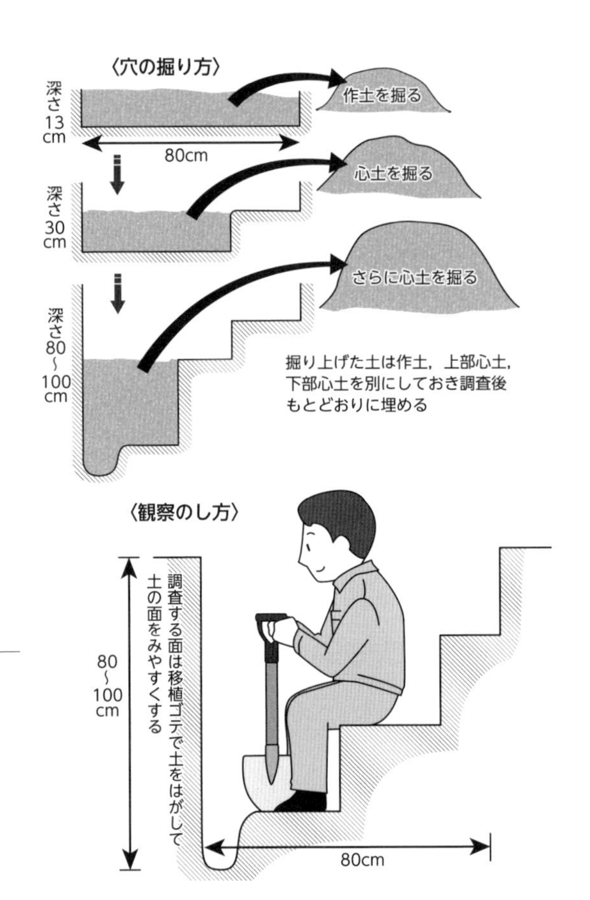

図 48 （前田正男・松尾嘉郎『図解土壌の基礎知識』農山漁村文化協会，1974，所収の図をもとに修正し作成）

いる土壌断面を観察してみましょう．

図 48 には，階段状に 1 mほど穴を掘るやり方が図示されていますが，階段状にしないと出るときが大変です．図に作土と心土という言葉がありますが，セットで覚えてください．作土は，耕土ともいい，耕耘・施肥・灌水など人の手が加わっている土層のことで，それより下層の心土よりも膨軟です．作土は plowed soil といい，心土は subsoil といいます．

断層ごとに，硬度をはかり，色や粘性を記録し，数カ所から土壌サンプルを採取して，化学分析を行います．

三相分布の測定

図 49 は空き缶を使った土壌の三相分布の測定法を示しています．実験室でなくても調べられる方法ですので，是非一度試してみてください．

根は生きていて呼吸をしますから，気相が大切ですし，液相がないと水分や養分を吸収できません．固相の割合が高いときは，有機物を施与して土壌の団粒化を図るようにします．土壌の団粒化については，後で説明します．

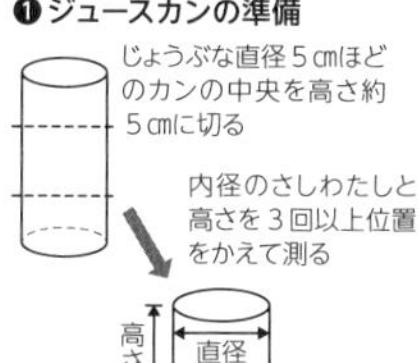

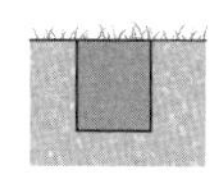

カンの内容積101ミリリットルを近似的に100ミリリットルとする。液相の重さ20gは20ミリリットルにあたり，カンの容積の20%になる。固相の重さは119gで比重で割ると容積がもとめられ，45ミリリットルにあたり，カン容積の45%になる。

図49　空きカン利用による三相分布の測り方
（前田正男・松尾嘉郎『図解土壌の基礎知識』農山漁村文化協会，1974，所収の図をもとに修正し作成）

土壌粘度

粘土は構成無機物の粒子の大きさに関係し，水はけに直結します．土壌の粘度（土性）は英語では soil texture といいます．

粒径組成の割合で，土壌を分類すると，以下の5種類に分けられます．

1）埴土：粘土粒子は25％以上

①HC 重埴土：粘土が45％以上，シルトか砂が55％以下

②SC 砂質埴土：粘土が25～45％以上，砂55～75％，シルトが0～20％

③LiC 軽埴土：粘土が25～45％，砂が10～55％，シルトが45％以下

④SiC シルト質埴土：粘土が25～45％，シルトが45％～75％，砂が0～30％

2）壌土：粘土粒子が15～25％

⑤ SCL 砂質埴壌土：粘土粒子が 15 ～ 25%，シルトが 20% 以下，砂が 55 ～ 85%

⑥ CL 埴壌土：粘土粒子が 15 ～ 25%，シルト 20% ～ 45%，砂が 30% ～ 65%

⑦ SiCL シルト質埴壌土：粘土粒子が 15 ～ 25%，シルトが 45% ～ 85%，砂が 40% 以下

⑧ L 壌土：粘土 0 ～ 15%，シルト 20% ～ 45%，砂 40% ～ 65%

⑨ SiL シルト質壌土：粘土は 0 ～ 15%，シルト 45% ～ 100%，砂 55% 以下

3）砂壌土：粘土もある程度あるが，砂が 85% 前後

⑩ SL 砂壌土：粘土は 0 ～ 15%，シルト 0 ～ 15 %，砂 65% ～ 85%

⑪ LS 壌質砂土：粘土は 0 ～ 15%，シルト 0 ～ 15%，砂 85% ～ 95%

4）砂土：砂が 85% 以上

⑫ S 砂土：粘土は 0 ～ 15%，シルト 0 ～ 15%，砂 85% ～ 100%

5）礫土：礫（2mm 以上の鉱物）を取り除けば，埴土，壌土，砂壌土，砂土のいずれかに分類できる．

簡易診断法がありますので，ぜひ覚えてください．サンプルに水を少量つけてこねて転がす試験（こよりをつくる）で，以下のように診断します．

埴土（clay）：2mm 以下のひもになる．曲げれば，輪になる．

埴壌土（clay loam）：マッチ棒くらいになる．

壌土（loam）：2mm 以下のひもにならない．曲げるとこわれてしまう．

砂壌土（sand loam）：ひもにならず，ざらざらし，表面が小粒にかた

まる.

砂土 (sand):転がすことができず，かたまらない.

土壌の生物性

まず，土壌動物とよばれる生物は，大きさにより4種類に分類することができます. 分類は巨大，大型，中型，小型で，次のような定義があります.

巨大動物は2cm以上の生物で，トカゲ，ヘビ，モグラ，ミミズなど.

大型動物は2mm ～ 2cmで，アリやクモ，ムカデやダンゴムシなど，いわゆる虫に相当します.

中型動物は0.2mm ～ 2mmのダニやネマトーダ（線虫）などです.

小型動物は0.2mm以下で，アメーバ，鞭毛虫，繊毛虫などの原生動物（植物遺体や微生物を食べて生きている）です.

土壌動物の働き

つぎに，土壌動物の働きについて整理してみたいと思います.

まず，植物遺体を分解する作用です. 土壌動物は小さな生き物ですが，微生物に比べるとその大きさははるかに大きく，咀嚼機能，つまり，植物遺体をかみ砕いて，体内に取り込み消化，排出することにより，生化学的な変化をもたらします.

体内に取り込まれ吸収されるのは，約2割で，残りの8割は糞として排出されます. 土壌動物の排泄物は，ミミズだと2mm以下，中型生物のトビムシでは30 ～ 50 μ m，ダニなら10 μ m以下の粒子になることが知られています.

こうして，粒子になることにより，有機物の表面積が拡大され，細菌などの微生物がより多く表面に付くことにより，分解がさらに促進されます．

つぎに，重要な要素として，土をかき混ぜる，つまり耕耘する働きがあげられます．これは，ミミズに代表される働きです．ミミズは畑の耕作者とよばれますが，この働きを発見したのは，あの有名なチャールズ・ダーウィンです．ダーウィンは50年にわたってミミズの研究をしていたことが知られていますが，毎日，庭でミミズの糞を集めて計量してもらい，自宅の庭の土が30年間で18cmの深さまで耕されたことを報告しています．これは，1年間に5mm，1haにつき，50tの土が動かされたのに相当します．あとで調べてみようと思っていますが，土を耕すのは，人よりもむしろミミズだというダーウィンの主張は，キリスト教会に少なからぬ影響を与えたのではないかと想像しています．

ミミズは，植物の遺体を土壌と一緒に食べることにより，土壌鉱物がよく混ざった糞塊とよばれる粒子を地表面に排出します．この糞塊は新しい土といってよく，ミミズの働きは，まさに土壌を反転する作用にほかなりません．このような反転作用は，次に説明する団粒構造を生成し，土壌の通気性，保水性を向上させるだけではなく，養分の蓄積にも寄与します．

団粒構造の発達

図49の空き缶を使った土壌の三層構造の測定法についてふれました．土壌に根が伸びて行くには，ある程度土壌が膨軟である必要があり，また根が呼吸をし，土壌生物と共生するためにも，土壌中に気相が確保されることが必要です．気相が確保されるためには，団粒構造が発達することが大切です．ちなみに団粒構造は英語ではcrumb structureといいます．crumbはパンくずのようなものをさす言葉で，スペルの最後のbはmに続く場合，黙字（silent letter）といって発音

しません．余談になりますが，同様の例に，bomb，climb，comb，dumb，lamb，limb，numb，plumb，thumb，tomb などがあります．1300 年以前は，b は発音していたのだそうですが，段々発音されなくなったといわれています．crumb（くず，粉）の場合，b を発音する crumble（粉にする，砕く）という動詞に，b が発音された痕跡が残っています．bomber とか climbing とか dumbest など，あとから派生した単語では，語中であっても b の発音は現れません．timber などと比べてみてください．

団粒が形成されるときの基本構造として，一次粒団，つまり，単一構造が存在します．一般に，砂やシルトのように粒径の大きなものを中心として，その廻りに，粘土や有機物，鉄やマンガンなどの酸化物がゲル状に結合し，塊を作ります．さらに，一次粒径がいくつか集合して複合粒団（二次粒団）へと成長していきます．団粒構造が発達するためには，粘土や有機物だけではなく，ミミズの糞や，さらに微生物の菌糸，植物根から出てくる分泌液（ムシゲル：mucigel）なども，大きく影響しています．つまり，粒子と粒子を結びつける要素が大きいほど団粒化が進みますので，団粒構造が発達すると，孔隙率が大きくなって，空気や水を蓄えるスペースが増え，保水性，通気性，透水性が向上していきます．

土つくりと有機物

したがって，団粒構造を発達させるためには有機物を投入するのが有効です．表 4 は，無堆肥区の対照区と，堆肥区，生わら区，混播牧草区を比較したものですが，対照区に比べ，堆肥区と生わら区で団粒構造が発達し，土壌硬度が下がって軟らかくなり，気相の割合が高くなっていることがわかると思います．有機物の投入により，土壌微生物の働きが活発化したことが大きな要因でしょう．粒径の大きな団粒

表4　鉱質土壌の物理性に及ぼす有機物施用の影響

項目		無堆肥区	堆肥区	生わら区	混播牧草区
	固相	57.3	53.9	51.6	56.3
三相分布(%)	液相	22.9	23.6	21.7	24.6
	気相	19.8	22.5	26.8	19.1
全孔隙量(%)		42.7	46.1	48.5	43.7
土壌硬度(kg/cm^2)		5.2	4.0	3.2	4.5
	＞2.4mm	5.0	9.1	10.0	10.5
団粒含量	2.4〜0.5mm	24.7	31.0	27.1	30.7
	0.5〜0.1mm	10.7	15.1	13.3	15.4

三木和夫・森哲郎「東海近畿農試研究報告」15:112-124,（1966）

は，有機物を投入すると，2倍近くに増加していることに注目していただきたいと思います．

土壌の団粒構造が作物の生育に及ぼす影響については，いろいろなデータがあります．たとえば，圧力を加えて締め付けた土壌と無処理土壌でキュウリを育て，比較をした実験結果によれば，土壌を締め付けると，特に浅い部分の土が硬くなり，根が深く伸びにくくなるために，作土の下層に伸びる根が少なくなり，その結果，収量が1割以上も減ってしまったと報告されています．

マルチの効果

さて，つぎにマルチの効果をみてみましょう．マルチ（mulch）というのは土壌を被覆することで，図50では稲わらをつかっていますが，ビニールやヤシの葉などの場合もあります．マルチをすると直射日光が当たるのを避けることができますので，裸地の場合に比べて土壌表面温度の変化を小さくでき，根のダメージを減らすことが可能です．

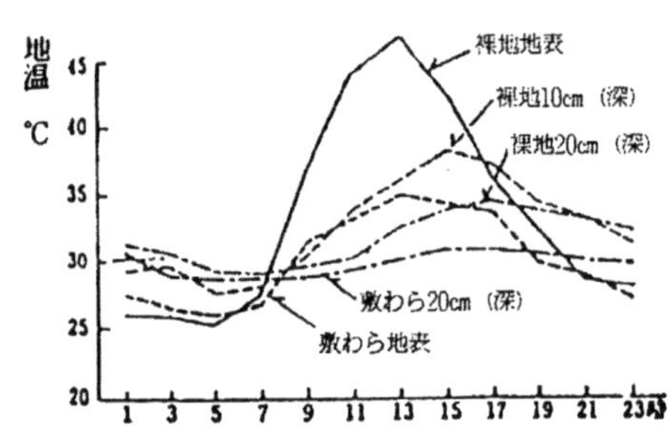

図50　夏期の敷きわらが地温に及ぼす影響
（敷きわら3.3m^{2}当たり4kg）
（「今月の技術と経営」第513号，岐阜県農政部農業経営課，2016）

また，マルチをすると雑草が抑えられ，雨滴による土壌流亡の防止にも役に立ちます．

ところで，マルチをしない裸地では，直射日光が当たると土壌表面温度が45℃にも達するころがあり，熱帯の場合，50℃を超えてしまうこともあるようです．一方，地表面の温度は年間を通じて，四季折々かなり変動するにもかかわらず，地下5メートルでは，ほぼ年中15℃程度と一定になっています．植物は根を深く張れば張るほど，温度変化に耐えられるようになることが理解できると思います．

溶脱と塩類集積

湿潤な気候帯では，肥料の成分は雨によって溶脱（leaching）しがちなのですが，逆に，乾燥がちな地域や温室では雨が降りませんので，地表面で水分が蒸発するときに無機塩類だけが集積する現象が起こります．塩類集積（salt accumulation）といっています．塩類集積は，沙漠化の原因の一つと考えられています．沙漠というと，サハラ沙漠のようなものを思い浮かべるかもしれませんが，中国などにも沙漠があります．中国の場合，必ずしも砂になっているわけではなく，礫も多いので，砂漠ではなく，沙漠という漢字を使っています．

中国農業大学を訪問した際，「塩随水来，塩随水去，水随気散，気散塩存」という言葉を教えてもらいました．中国沙漠の特徴として，陽イオンとしてはK^+，Na^+，Mg^{2+}，Ca^{2+}など，陰イオンとしてはSO_4^{2-}，CO_3^{2-}，Cl^-，HCO_3^-などを含んでおり，アルカリ性を示すのですが，その原因を説明したのが，上記の言葉です．「塩は水とともに来る，塩は水とともに去る，水は水蒸気とともに散る，水蒸気は散ると同時に塩が来る」という意味です．塩類集積のメカニズムを，見事に説明していると思います．

土つくりと作付体系

昔から土つくりを行うには作付体系を重視すべきだということが言

図 51　輪作と有機物施用による土つくり

われてきました．しかし，化学肥料や農薬が開発されて以降，単一作物を連作することによって，労働生産性や土地生産性を高める努力がなされ，それはそれで大きな成果があったわけですが，土つくりという観点は等閑（なおざり）にされ，そのツケが環境問題に発展してしまったということに私たちは気づいていると思います．畜産も組み込んだ，資源循環型の農業を，土つくりに焦点を当てながら再構築することが，私たちに提示されている課題でないかと感じます．シルギューイの名言，「大地は先祖から受け継いだのではなく，子どもたちから借りているのだ」という言葉をもう一度，吟味して，今後の土つくりのあり方を再検討しなければならないのではないでしょうか．

私は土壌学が専門ではありませんが，ここまで論じてきたことを顧みますと，従来の一般的な科学のやり方でＡとＢを比較して優劣を論じるようなやり方ではなく，時間的・空間的な組み合わせを含んだ輪作体系というシステムそのものをまるごと捉えて，複雑系として評価するような方法を検討しなければならないのではないかと感じています．

皆さんの中に，そのようなチャレンジに応えてくれるような人が出てきてくれることを期待してやみません．

第８講　施肥について

本講では，施肥についてお話しします．これまで播種，育苗，収量構成要素，要素欠乏，土つくりについて取り上げてきましたが，施肥の理論が，そのいずれとも密接に結びついていることは，皆さんも容易に想像できることでしょう．

当初，肥料学という学問は，肥料をどのように作るかという，肥料製造学として始まりましたが，やがて，植物と土壌と土壌生物との関係の中で，つまり根圏というダイナミックな生態系の中で，植物栄養学あるいは植物生理学と密接にかかわる学問となり，今日に至っています．さらに，現在では，過剰な施肥による環境汚染や，ゼオライトなどの土壌改良材を利用した放射性セシウムの除去などの研究も肥料学の射程に含まれているといってよいでしょう．私にはその全貌を魅力的に伝える力量がありませんが，本講では「肥料革命」という歴史的な事件を中心に，私が興味をもっている一端をご紹介したいと思っています．

「肥料をまく農夫」

前講に引き続き，ジャン・フランソワ・ミレー（1814−1875）の絵から始めたいと思います．「肥料をまく農夫」（1851 年，油彩）と名付けられたこの油絵について，サンスィエはミレーの伝記の中で以下のように述べています．「この作品の仕上げにミレーは長い時間をかけていた．11 月初めの寒さに凍りついた厳粛な風景の中で，肉体労働者が真実を

図52　肥料をまく男，ミレー，1855

感動的に物語っている」．夕焼けの赤さと堆肥の黒さのコントラストが，極めて印象的な絵ではないでしょうか．この絵は香川県の丸亀美術館に所蔵されていますが，数年後に描かれたノース・カロライナ美術館所蔵の同構図作品に比べ，荒々しい筆触や自然描写が特徴的です．

私の勝手な想像ですが，ミレーは，この絵を描くにあたって，新約聖書のルカによる福音書13章6節から9節のエピソードを念頭に置いていたのではないかと思われてなりません．それは，イエス・キリストが語ったこんな話です．

「ある人が自分のぶどう園にいちじくの木を植えて置いたので，実を捜しにきたが見つからなかった．そこで園丁に言った，『わたしは三年間も実を求めて，このいちじくの木のところにきたのだが，いまだに見あたらない．その木を切り倒してしまえ．なんのために，土地をむだにふさがせて置くのか』．すると園丁は答えて言った，『ご主人様，ことしも，そのままにして置いてください．そのまわりを掘って肥料をやって見ますから．それで来年実がなりましたら結構です．もしそれでもだめでしたら，切り倒してください』」．

この物語は，罪人の立ち返りを忍耐強く待つ神を，愛情を注いでイチジクを育てる農夫にたとえた挿話ですが，肥料を施す農夫の気持ちをよく表していると思います．ルカがこの福音書を書いたのは紀元1世紀ですので，その頃，すでに施肥の習慣が広く行き渡っていたことは確かです．

近代以前における施肥の概念

東北大学名誉教授の藤原彰夫が，古書における施肥の観念について調べていますが，エジプトやメソポタミヤでは，洪水が肥沃な土をもたらすことが記録として残っており，ギリシャ神話にも堆厩肥の話が出てくるといいます．中国でも殷代の甲骨文字に人糞の施肥について記した例や，「焚は田を焼くなり」との説明文があり，焼畑をして灰を肥料にしていたことがわかると述べています．

藤原によると，日本では，奈良時代の初期に書かれた播磨国風土記に草肥に関する記述があることが紹介されています．

江戸時代に描かれた農作業の様子をみますと，山に草肥を集めるために草刈りにいっている様子や畑に施肥をしている様子が描かれていることがわかります．

また，江戸時代にいかに人糞尿が効率よく肥料として利用されていたかは，リービッヒがスイス人マロンの報告を聞いて，わざわざ『化学の農業および生理学への応用』に詳細に報告しています．

リービッヒは，植物が無機栄養だけで生育することを確認した人物で，植物栄養学の父ともいわれています．人造肥料の特許も出願していますが，本講は，リービッヒ以降に起こった「肥料革命」とその影響について主に述べたいと思っています．リービッヒという人は，大変魅力的な人なのですが，ここではあまり詳しくふれられません．少し古い本ですが，岩波新書の『化学者リービッヒ』（田中実，1951）をお勧めします．

肥料革命

肥料革命というのは，古来，動物の排泄物や草，生ゴミなどの堆厩肥を利用していたやり方から，グアノ，チリ硝石，カリ鉱石，リン鉱石による鉱物資源施肥へと転換した歴史的な出来事のことです．高橋英一著『肥料になった鉱物の物語――グアノ，チリ硝石，カリ鉱石，リン鉱石の光と影――』（研成社，2004）を参照にしながら，説明していきたいと思います．

鉱物資源については，金，銀，銅，錫，鉄などがすでに青銅器文化，鉄器文化の時代から利用されていました．その後建造物の素材は木材からレンガや石に変わりましたし，産業革命の初期には，さまざまな資材が鉱物資源に転換しました．たとえば，衣料原料（植物繊維，羊毛，皮革→レーヨン），燃料（薪炭→石炭），灯火（獣脂，植物油→石炭・石油），家屋・車・船（木材→鉄）などが挙げられます．しかし，肥料については，なかなか鉱物資源への転換には至りませんでした．

ところが，グアノ，チリ硝石，カリ鉱石，リン鉱石などが肥料として極めて有用であり，ビジネスとして成り立つことが確認されると，たちまち需要が急騰し，これらの資源は一転して枯渇の危機にさらされるようになりました．

グアノとは？

最初に肥料化された鉱物は，グアノです．グアノというのは海鳥の糞が堆積してできた鉱物で，インカ帝国では，ペルー北海岸のフアヌ（海鳥の糞でできた島でグアノの語源）を耕作民に割り当て，1533 年にスペイン人によって制服されるまで，1000 万人の人口を養っていたといわれています．これだけの人口を養うことができたのは，グアノというすぐれた肥料があったからですが，スペイン人は金の採掘はしましたが，グアノには着目しませんでした．グアノは海水中の窒素とリンがプランクトン→魚→海鳥と濃縮されて岩礁に堆積したものです．

グアノに最初に目をつけたのはドイツ人のアレクサンダー・フォン・

フンボルト（1769—1859）でした．探検家で，地理学や天文学に通じており，フンボルト寒流を発見した人物です．先に紹介したリービッヒの才能を見抜き，彼を育てて支援した人物としても知られています．

フンボルトは，1802 年にグアノの化学分析を行い，窒素質グアノはNが 11—16%，Pが 8—12%，Kが 2—3% で，そのまま理想的な肥料になること，リン酸質グアノはNが 4—6%，Pが 20—25% で，硫酸分解が必要と報告しました．

グアノラッシュ

こうしてグアノが即効性のある大変すぐれた肥料だということがわかり，各地でグアノラッシュとよばれる歴史的な事件が起きました．主なものをピックアップしてみましょう．

1838 年に，二人のペルーの実業家がグアノのサンプルをイギリスのリバプールに送り，試験の結果が素晴らしかったので，1840 年，マイヤーズ商会が 22 隻の船で 8000 トンのグアノをイギリスに輸入しました．1842 年には，ペルーのメネンデス大統領はグアノを国有化しています．ところが，この年，アフリカから低級位のグアノがイギリス市場に流入し，値崩れが起こって，貿易が停滞したため，北米のタバコやワタの栽培農家向けに輸出が始まりました．北米のタバコやワタの栽培は，無肥料の収奪的なやり方でしたので，収量が低減しており，グアノは救世主として迎えられることになりました．1844 年から 1851 年までに 6 万 6 千トンのグアノが北米に輸出されました．

1848 年にはカリフォルニアで金が発見され，ゴールドラッシュが起こりました．その結果，開拓された西部から金や農作物が東海岸に送られたのですが，西部行きの列車に積む荷物として，グアノが重宝され，ゴールドラッシュと表裏の関係にあるグアノラッシュが起こったのです．

グアノをめぐっては，ロボス島事件（対ペルー，1852），ガラパゴス騒動（対エクアドル，1854），鳥島事件（対ヴェネズエラ，1854）など，国際紛争が絶えませんでした．

グアノ島法

アメリカ政府は，ついに1856年，次のようなグアノ島法（1856）を制定しました．

> あらゆる島，岩，珊瑚礁に堆積するグアノを米国市民が発見した際は，他国政府による法的管理下になく，他国政府の市民に占領されておらず，平和裡に占有してその島，岩，珊瑚礁を占領したときはいつでも，米国大統領の裁量で米国が領有したと判断して差し支えない（グアノ島法第1節）．

驚くべきことは，この法律は現在も有効で，グアノ島法により，アメリカは現在も九つのグアノ島を所有しているということです．その中のひとつの島に，ベトナム戦で使った枯れ葉剤や沖縄戦で使った化学兵器が貯蔵されているといわれています．

チリ硝石

次に，チリ硝石にまつわる歴史を繙いていきましょう．

チリ北部に位置するタラパカ地方で，大規模なチリ硝石の鉱床が存在することがわかったのは1809年のことでした．それまでは，スペイン人たちはチリ硝石を銀鉱石採掘用の低級火薬原料として少量使用するにとどまっていました．

チリ硝石の需要が飛躍的に高まったのは，南米のスペイン領植民地の独立運動（1810年），クリミア戦争（1853年），普仏戦争（1870年）で，大量の火薬が必要となったからでした．さらにグアノに替わる新しい窒素肥料としてチリ硝石が注目され始めたことも拍車をかけました．加えて，1867年にはタラパカの南のボリビア領アントファガスタで大きな鉱床が発見され，チリとペルー・ボリビアの間で太平洋戦争（1879―1891）が繰り広げられました．チリが勝利を収めると，チリの硝石産業は飛躍的に成長し，第一次世界大戦ごろまで発展し続けました．1880年代の硝石産業の雇用は5000人程度でしたが，1890年には1万3000人，1910年には4万3000人，1924年には6万人となり，硝石産業はチリの基幹産業になっていたといわれています．

しかし，1890年代には有識者によって資源枯渇の危惧が表明されるようになり，とくに影響が大きかったのは1898年9月にブリストルで開かれたイギリス学術協会で，会長のクルックスが行った演説でした．以下に冒頭部分を紹介してみましょう．

> 世界のコムギ栽培地の地力は消耗しつつあり，耕地面積の拡大にも限度があるので，このままでは近い将来コムギは不足するだろう．これを回避するためには適当な窒素肥料を施して，コムギの平均収量を引き上げる必要がある．一方，チリ硝石の鉱床は近い将来掘り尽くされるだろう．このようなとき，我々がもっとも注目すべきは，無限にある空気中の遊離窒素である．この窒素を植物が吸収できるような物質に変え，肥料にすることは我々科学者の双肩にかかる重大かつ緊急の課題である．

結局，1909年，窒素ガスに水素ガスを直接化合させる合成アンモニア法がドイツで発明され（ハーバー・ボッシュ法），チリ硝石は枯渇の危機を免れることになりました．このような「肥料革命」によって，有機質由来の肥料は，鉱物質由来の化学肥料に置き換わり，窒素肥料に関しては，空気中の窒素をアンモニアに換える『大気を換える錬金術』（T・ヘイガー，みすず書房，2010）によって大量供給が可能となり，人口は飛躍的に増大しました．しかし，窒素肥料だけでなく，大量の爆薬が空気中の窒素から作れるようになり，それが戦争にどのような影響をもたらしたかは，推して知るべしといえましょう．

なお，ハーバー・ボッシュ法を発明したフリッツ・ハーバーは1918年にノーベル化学賞を受賞しましたが，後に殺人ガスの開発などに尽力し，同じく化学者であった奥さんは自殺に追い込まれました．彼はハーバー・ボッシュ法の開発によって数十万人の餓死者を救った一方で，数百万人を殺人ガスによって死に追いやったといわれています．

窒素肥料生産量の推移

ここで，1903年から1912年までの窒素肥料生産の推移を見ておきたいと思います（表5）．第一次世界大戦が始まる直前ですが，ものすごい量の肥料が売り買いされていた様子がわかるかと思います．

先にふれたとおり，窒素肥料の製造というのは爆薬を作る技術と連動しており，戦時には爆薬を作って，平時には肥料を作るということがよく行われていました．

表5　欧州における窒素質肥料の生産額（単位はトン，チリ硝石は火薬用を含む）

年度	チリ硝石	ノルウェイ硝石	副生硫安	石灰窒素
1903	1,485,312	25	526,000	−
1904	1,559,087	550	575,000	−
1905	1,754,605	1,600	653,500	−
1906	1,822,144	1,600	751,000	−
1907	1,846,037	15,000	837,500	−
1908	1,970,974	15,000	893,000	15,000
1909	2,110,961	25,000	976,000	25,000
1910	2,465,415	25,000	1,100,000	50,000
1911	2,521,023	25,000	1,157,000	80,000
1912	2,584,470	不明	1,300,000	109,200

廣田鋼蔵「化学肥料の登場」（「化学教育」第23巻第5号，1975）

カリ鉱石とリン鉱石の発見

カリ肥料に関しては，ドイツのシュタッスフルト地方で 1843 年にカリ鉱石が発見されています．日本では，古来，堆厩肥や草木灰が自給されていました．

リン酸肥料に関しては，骨の効果が古くから知られていました．たとえば，イングランドのシェフィールドという町は刃物製造業が盛んだったのですが，人々は骨や象牙の削りかすの周りの雑草がよく生えることに気づき，骨くずが肥料として売られるようになっていました．

画期的だったのはロンドンから 40 キロメートルほど北に位置するローザムステッドのローズが骨粉を硫酸で処理すると，難溶性のリン酸三石灰を水溶性のリン酸一石灰に変えることができることに気づき，1842 年に「過リン酸石灰」の特許を取得したことです．その結果，骨を材料として肥料を作る商売が横行し，戦場に斃れた死者の骨を掘り起こす盗掘行為が行われるようになり，リービッヒは以下のように激しく非難しています．

> イギリスは他の国々から肥沃の条件をかすめ取りつつある．すでに骨を渇望して，イギリスはライプチヒ，ワーテルロー，クリミアの戦場を掘り返した．またシチリアのカタコンベ（地下墓地）からは，幾世代にもわたる骸骨を運び去った．毎年イギリスは他の国々から自分の国へ，人間 350 万人分に相当する肥料を持ち去っている．イギリスは吸血鬼のようにヨーロッパの首っ玉にしがみつき，諸国民から血液を吸い取っている．

その後，骨に代替する資源が探索され，リン酸質グアノが用いられたりしたのですが，やがてリン鉱床が発見され，リン鉱石が過リン酸石灰の原料に用いられることになりました．

現在は，モロッコ，南アフリカ，中国，ヨルダンなどが主要な資源国になっています．日本は，カリ，リン酸ともに，自国に資源を持ちませんので，全量海外に依存している状態です．

日本における化学肥料の普及

日本における化学肥料の導入に関しては，一番先に普及したのがリン酸肥料で，1926 年にすでに 70％を超えていました．1935 年になると，窒素は 70％，リン酸とカリは 80％に達します．当時は，富国強兵政策が強力に推し進められているときでしたので，化学肥料の確保は国の重要な政策でした．

麻生慶次郎によれば，日本の単位耕地面積あたりの購入肥料の使用量は，1928（昭和 3）年の段階で，窒素肥料は世界最高，リン酸肥料はオランダに次ぎ世界第 2 位，カリ肥料は世界第 4 位であったといいます．しかし，太平洋戦争の頃になると，肥料事情は逼迫し，東京農大第 3 代学長の佐藤寛次は，以下のように述べています．

> 日本農業に於ける増産の條件として最も重要な一因子は肥料であるが，金肥及自給肥料を通じて，共に著しく減縮せられてゐる．金肥は輸移入途絶，原料不足及製造能力の變更に伴ひ，戰前の基準を維持し難いことは戰時の常として已むを得ないが，日に日に配給量の減退するのを見るのである．而して其の原因は一樣ではないが，先づ加里肥料中硫酸加里類は獨逸の産であるが，輸送路途絶して居り，塩化加里は敵米国及ソ連の産であり来る筈はない．燐酸肥料は其の原鑛の多くを敵国に仰ぎ，若しくは交戰地域に求め居りたる関係上運船腹の問題と相交錯して製造能力を発揮し得ない．天然肥料中最も重要なものは国内産の魚肥であるが，漁場の変動，漁船の徴発，油の減配等に依りて漁獲高減少したる上に如何なる魚類も食膳に上るといふ食品界の異変に依つて，魚肥の製造高に激減を見てゐるのである．大豆粒は満洲に於ける大豆生産の減退及輸送に難加へて，醤油，味噌製造の原料増大に依りて著減せしめて居る．都市附近の主要肥料たる糞尿はガソリン配給と配車の縮減に依つ

てその使用高を著しく制限せしめる等従来の方法による限り，肥料を従来の如くに消費することは不可能になつたのである．是に於て結局自給肥料の増産が唯一の道であり，最終の目標になるのであるが，自給労力の不足は草刈，木葉集等に支障を来し，都会の非農業者，学徒の勤労奉仕などに依る堆肥原料の蒐集位では，到底肥料配給の不足を補ふに足らないのである．

表6は，1989年の施肥量のデータですが，単位面積当たりの施肥量は，日本が世界で突出していたことがわかります．今にしてみると，過剰な施肥が地下水汚染などに結びついたのではないかという懸念が払拭できません．

さらに，日本の肥料工場が大きな環境問題を惹き起こしてきたことも指摘しなければなりません．

1908年に野口遵が創業した日本窒素肥料（のちのチッソ）は，御存じのように，戦後，水俣病を惹き起こした会社です．また，森コンツェルンで有名な森矗昶が設立した新潟の昭和電工も肥料を生産していました．ハーバー・ボッシュ法によってアンモニアを作るためには，大量の電気が必要で，そのために電力会社が肥料会社を兼ねたのです．のちに肥料部門は昭和肥料として設立されたのですが，この会社は「新潟水俣病」を惹き起こしてしまいます．土つくりを等閑にして，化学肥料のみによって増産を図ろうとした，日本の農業政策に対するあまりにも手厳しいしっぺ返しだったというべきだと思います．

作物は，肥料からだけでなく，土壌からも栄養分を吸収しますので，施肥量はきちんと計算する必要があります．施肥が土壌における微生物との共生や植物に

表6　肥料3要素（窒素，リン，カリウム）施用量ベスト5と穀物生産量（1989年）

国	肥料三要素施用量		穀物生産量	
	Kg/ha	順位	Kg/ha	順位
日本	415	1	5671	3
ドイツ	389	2	5204	5
イギリス	346	3	5771	2
フランス	307	4	6068	1
ハンガリー	277	5	5436	4
世界	99		2646	

（高橋英一『肥料になった鉱物の物語』研成社，2004）

よる吸収を無視して行われる場合，環境汚染や公害に結びつく恐れがあります．化学肥料が開発された頃，人々は収量の関数はｆ（肥料）で表されると考えていました．肥料をやればやるだけ増収すると考え，それによって惹き起こされる環境汚染，あるいはレイチェル・カーソンが指摘したような生態系への影響については，配慮できる知恵がなかったのだと思います．作物に愛情をもって施肥をしていた古代の人々の精神に学ぶ必要があるのではないでしょうか．

肥料要求量について

肥料要求性は，作物ごとに異なります．日本では，作物ごとに施肥基準が設定されていますが，その土地にどのくらい肥料が残存しているかを，一度ムギなどを植えて確認してみることが，適切な施肥体系を考える上で重要だと思います．図53のグラフを見てもわかりますが，作物ごとに，施肥量，成分の割合が異なりますし，施肥のタイミングも異なります．土壌学，植物生理学との学際的な共同研究も必要だと思います．たとえば，植物体内に吸収された肥料成分が植物のその後の成長にまわされるのか，あるいは基礎代謝の維持にまわされるのかなど，ある程度のシミュレーションがなければならないと思います．

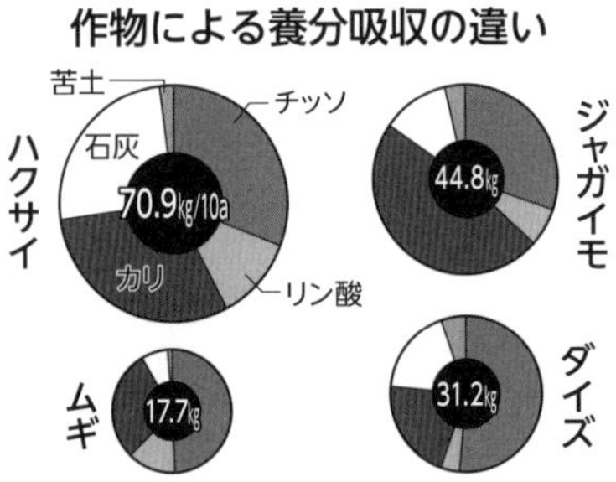

作物による養分吸収の違い

苦土
チッソ
石灰
カリ
リン酸
ハクサイ 70.9kg/10a
ジャガイモ 44.8kg
ムギ 17.7kg
ダイズ 31.2kg

図 53

輪作の組み方

基幹作物	補完作物	清浄作物
収益性が高く経営の中心になる食物	収益性が比較的高く，作期が基幹作物と結びつく作物	土壌養分，土壌微生物を調節し生産を安定多収に導く作物

－輪作の一例－

スイカ	ダイコン	オカボ・ムギ

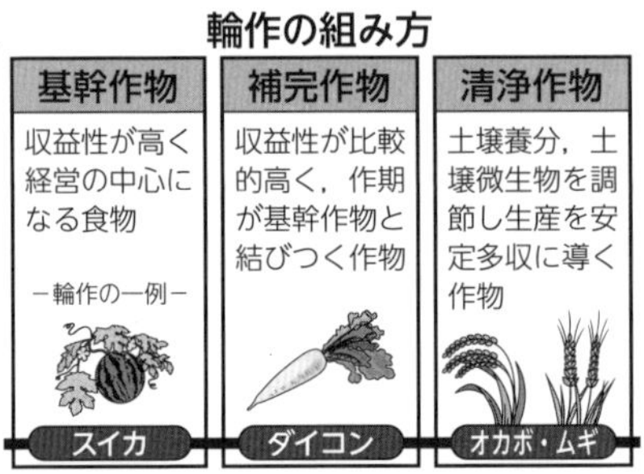

図 54

さらにクロップ・ローテーション，つまり作付体系の中で適切な施肥量を考えなければなりません

（図 54 参照）．農業生態系の構成要素を複雑化させ，系としての安定性を図ることが重要になるのではないかと思います．

土壌由来と肥料由来の元素の見分け方

ところで，放射性同位元素の比率を調べると，植物体内の成分が，化学肥料由来なのか，土壌由来なのかを区別することが可能です．植物体内における栄養成分の移動や変化を時系列で調べることにより，将来的にはピンポイントの施肥計画を作ることができるようになるのではないかと思います．

窒素吸収量に関して調べてみますと，作物ごとに，土壌からの吸収と肥料からの吸収の割合が違うことがわかります．最近，マメ科以外でも，施肥量を控えめにすると窒素固定菌と共生できる植物があることがわかりつつあり，今後の研究が待たれています．

他方，これまで植物は無機栄養を吸収し，高分子の有機物などは吸収できないとされてきましたが，小胞輸送を利用して，分子量で 8000 位のそこそこ大きな分子が，直接細胞に取り込まれるような仕組みが存在することも示唆されています．エンドサイトーシス（endocytosis）とよばれる現象です．有機物を投入するのは，団粒構造を発達させるためと考えられてきましたが，もしかしたら，植物はある程度直接，大きな分子を吸収できるのかもしれません．やはり今後の研究が待たれる分野です．

人糞尿の話

さて，古い時代には，堆厩肥や草肥などの有機物を発酵させたものが肥料として使われました．有機物は，生のまま土中に埋めると，微生物によって分解されますが，このとき，植物の根も一緒に分解されてしまいますので，基肥（basal application）として与えるときには，植物を移植する20～30日前にはすき込んでおくことが必要です．昔の人は，あらかじめ有機物の発酵をすませてから田畑に施肥する知恵をもっており，有機物は，まず積み上げられて堆厩肥として醸成されて用いられました．

日本の場合は，先ほどふれたように，人糞尿を肥溜めに入れて水で薄め1年以上発酵させて柄杓（ひしゃく）で畑にまくような仕方で施肥が行われていました．私が子どもの頃には，天秤棒で人糞尿を担いでいる農夫をよく見かけましたし，私自身，肥溜めに落ちたこともあります．植物栄養学の父と称されるリービッヒは日本のこのシステムを絶賛しましたが，実際には大変な重労働で，化学肥料が普及するとたちまち肥溜めのシステムは衰退していきました．

とくに，第二次世界大戦前後で，日本人の寄生虫保有率は60％以上あり，GHQ（連合国軍最高司令官総司令部）は自分たちの食べる野菜をアメリカから輸入していました．その後，GHQは調布と大津に大きな水耕農場を作って野菜を栽培するようになるのですが，詳しい話は，植物工場の講義をするときにふれることにしたいと思います．

人糞尿を使わない野菜を「清浄野菜」とよんだのですが，最初に清浄野菜を手がけたのは京都帝大農学部が堆肥と油かすで栽培したセロリーを「大学サラダ」として販売したのが嚆矢のようです．1927年のことでした．その後，清浄野菜運動が盛んになったのは，1940年に予定されていた東京オリンピックで外国人を迎えるためでした．結局，日中戦争が泥沼化し，ヨーロッパでは第二次世界大戦が始まっていましたので，幻のオリンピックとなったわけですが，東京農大の前にある馬事公苑は，そのために作られた施設で，私たちの学科の先輩にあたる専門部拓殖科の1期生たちは，毎日，馬事公苑造成のための作業に駆り出されていました．

清浄野菜ブームによって寄生虫保有率は下がりましたが，農業は肥料会社や農薬メーカーにとって儲かるビジネスとなり，化学肥料や農薬，農業機械に依拠した栽培法に移行することになりました．

肥料の量と作物の生長の関係

図55の写真は，私の研究室の院生が行った実験なのですが，実験用の矮性トマトを様々な濃度の化学肥料で育てたときの反応を観察した写真です．施肥量がトマトの生育に決定的な影響を及ぼしていることがわかるかと思います．これをグラフにすれば，用量反応曲線（dose response curve）を描くことができます．大切なのは，最適濃度があることで，それよりも低濃度でも高濃度でも生育が阻害されるということです．とくに肥料をやりすぎると，環境中に流出して地下水汚染などを惹き起こすだけでなく，植物にとっても根に障害が現れ，生育が阻害されますので，注意が必要です．

この実験を行った院生は，化学肥料と有機肥料，水耕栽培でトマトを育て，果実収量とビタミンC，糖・アミノ酸・有機酸含量などを比較する実験を行いました．私の予想では，化学肥料と水耕栽培の果実が大きくなると思っていたのですが，結果としては，化学肥料と有機肥料に比べて，水耕栽培のトマトの実が断然大きくなることがわかり

A:対照区（無施肥）、B:1/10倍、C:1/5倍、D:1/2倍、
E:標準施肥量（0.13g/500mL）、F:2倍、G:5倍、H:10倍

図55　トマトの肥料反応（岡田千春撮影：E が標準区）

ました．また，ビタミンCの量を比べてみると，先ほどのトマト果実の大きさと反比例し，化学肥料と有機肥料で育てた果実の方が，水耕栽培で育てた果実よりも多く含まれることがわかりました．これは「濃縮効果」という現象で，果実の大きさが小さいために，相対的に濃度が高まったのだと考えられます．

ビタミンというのはホルモンと同様に微量で生体に大きな影響を与える物質ですが，ホルモンが自分で作れるのに対して，ビタミンは自分では作れない物質をさします．したがって，ビタミンCは私たち人間にとってはビタミンですが，植物は自分で作ることができますので，植物にとってはビタミンではなく，アスコルビン酸といっています．Ascorbic acid というのは，a（否定）＋ scurvy（壊血病）の意味で，むかし船乗りたちが罹患した壊血病の抑制物質として発見されました．大航海時代，約200万人の船乗りが壊血病で命を落としたと言われていますが，ビタミンCを多く含む野菜や果実，茶などで予防や治療ができることがわかりました．

肥料の違いとトマトの味について

トマトの味に関係する有機酸（酸っぱさ），アミノ酸（旨さ），糖（甘さ）に関しては，有機酸の場合は化学肥料≧有機肥料 > 水耕栽培でしたが，アミノ酸の場合は水耕栽培≫化学肥料≧有機肥料という順で，糖の場合は有機肥料≧化学肥料≫水耕栽培の順でした．水耕栽培では窒素が過剰になり，硝酸イオンやアミノ酸の形で果実内に蓄積されることがわかりました．私は水耕栽培の野菜は健康に悪影響を及ぼすのではないかと懸念しています．現在，水耕栽培のトマトで，なぜ果実にアミノ酸が過剰に蓄積されるのか，硝酸還元酵素活性などを調査して，メカニズムの解明に挑戦しています．

ぼかし肥のこと

最後に，日本で伝統的に利用されてきたボカシ肥について説明したいと思います．短期間で発酵有機肥料を作ることができますので，是非やり方を覚えていただければと思います．通常，堆厩肥を作るには数カ月を要するのですが，ボカシ肥の場合，発酵資材を入れてあらかじめ発酵させますので，極めて短期間に作ることが可能です．中南米では，そのまま“Bakashi”として普及しています．発酵させるときに，土をいれますので，発酵の勢いがぼかされる特徴があり，それが命名の由来となっています．

材料は，山土，腐葉土，籾殻，籾殻燻炭，米ぬか，魚粉などで，これにたしたり引いたりしても構いません．

ここに発酵資材として，イーストや納豆菌，ワイン，ヨーグルト，市販のEM菌などを加えます．必ずしも購入する必要はなく，おにぎりなどを土に埋めておいて，その場にいる菌を捕まえるのも有効です．

作り方としては，先ほど述べた土壌資材を層状に積み重ねていきます．その後，発酵資材を加え，微生物が活動できるように，水を加えます．さらに，層状に積み上げたものをよく攪拌し，袋をかけて発酵させます．温度を経時的に測定し，温度が上がったら，切り返しを行い，満遍なく発酵が行われるようにします．

みどりくんのこと

最後に，私も係わっている全国土の会の後藤逸男（東京農業大学名誉教授）によって開発された生ゴミ堆肥「みどりくん」について説明したいと思います．世田谷区内の中学校などの学校給食の残渣を東京農大のリサイクルセンター内にある「みどりくん」製造プラントに搬入し，①腐りやすい食品廃棄物から異物を除去して，短時間に乾燥させ，②

乾燥後に，乾燥物の炭素率を下げる目的で搾油を行い，③製造した肥料の肥効を調節するため加工して，ペレット状に成型します．

「みどりくん」は給食残渣のタンパク含有量の違いなどによって最終製品の窒素含量が異なることがわかっており，これまで肥料成分安定化確認事業を世田谷区の承認のもとで取り組んできました（2021 年埼玉県志木市に移設）．

肥料に関する本講を閉じるにあたって，これまでは土壌の肥沃度を補強する目的でインプットされてきた肥料の役割の追究を，輪作や混作などの作付体系の中で，さまざまな作物や微生物との共生関係を保ちつつ，農業生態系のシステム外に漏洩，蓄積しないような施肥法の追究へと発展させなければならないという今後の課題を確認しておきたいと思います．なお，本講ではふれられませんでしたが，速効性肥料，緩効性肥料，深層施肥などの用語を調べていただき，「みどりくん」の例を挙げましたが，産業廃棄物の堆肥化などについても関心をもっていただければと思います．

第９講　農薬 vs IPM

作物を病害虫から守ることは，栽培にとって不可欠ですが，それはなかなか大変な作業です．「農業は雑草との戦い」といわれるほど，草取りは大変です．一方で，私たちは，農薬や除草剤が，とくに戦後になって深刻な複合汚染を惹き起こし，まわりまわって，私たちの生活基盤を揺るがすほどの環境汚染や健康被害をもたらしたことについても，無知のままいることはできません．単に私たちの生命や生活に関係しているだけでなく，将来世代にも大きな影響をもたらすことになるからです．本講では，このようなかなり難しい問題について，一緒に考えてみたいと思っています．

農薬や化学肥料を諸悪の根源のように考えている人がいるかもしれません．そういう面があることは否定できませんが，農薬や化学肥料によって，どれだけ農作業が軽減されたかについては，やはり勘案されなければならないと思います．重労働から解放されることによって，農民生活にも余暇ができ，社会的・文化的活動が可能になった面があることは確かです．

他方，農薬使用をめぐる社会構造についても考察されなければなりません．作る人と食べる人が，顔の見えない関係になってしまっているという，市場経済あるいは流通の仕組みも改善されなければならないでしょう．なによりも，戦後の日本農業が，農民や消費者の健康よりも，種苗会社や農薬メーカー，肥料会社，農業機械産業の成長を重視してきたことが問題です．

みなさんは，北海道のリンゴ裁判を御存じでしょうか．この裁判は無農薬でリンゴを栽培しようと挑戦していた農家（Yさん）とその隣で慣行農法（従来どおりの化学肥料，農薬などを用いる農業）でリンゴを作っていた農家（Xさん）のあいだで争われました．1988年，私が農大2年生の時に始まった裁判です．慣行農業を行っていたXさんのリンゴが黒星病にかかり，経済的な被害を被ったのですが，その原因が，隣接地で無農薬栽培を行っていたYさんのせいだとしたことで，裁判が始まりました．Yさんは農薬で健康を害したことがあり，無農薬で栽培するという「農法選択の自由」を主張しました．XさんはYさんに落ち葉の処理や下草の刈り込みなどを行い，農薬を散布するよう注意したのですが，Yさんは落ち葉や下草は土つくりのために必要だと考えていました．

ここで私たちが考えなければならないのは，病害虫防除は，地域ぐるみで取り組む必要があるということです．幸い，この裁判は3年後に和解して，XさんとYさんの畑の間に緩衝地帯を設け，お互いに研究のために立ち入ることを認め，Yさんは落ち葉や下草の除去などを，できる限り行うことになりました．ここで大切なのは，主義主張の異同にかかわらず，農家同士が協力し，研究を重ねることが大切だということです．このような協力体制の輪に，消費者や流通に携わる人々，研究者たちも加わることが求められているのだと思います．そういう前提で，病害虫防除に関する考察をすることが必要なのではないでしょうか．

安全性についての誤解

農薬や化学肥料の是非を考えるときに不可欠なのは，安全性は物性ではないということをはっきりさせておくことです．つまり，安全か危険かというのは，農薬や化学肥料などの物質の性質（物性）ではなく，それを使う人の使い方の問題であるということです．あたり前のようですが，このことがわかっていないために，議論が混乱することがよくあるのです．「毒も薬」といいます．また包丁やはさみは便利な道具ですが，殺人の道具にもなりえます．水であっても飲みすぎればおなかを壊すでしょう．農薬や化学肥料についても，適切に使えば，人体や環境への負荷を限りなくゼロに近づけることが可能です．しかし，人間というのは，得てして，知恵に乏しく，使い方を誤ることが少なくないという自覚が必要です．100％の安全というようなものがありえないことは，私たちの経験からしても明らかです．

「これまでに経験したことがない」豪雨とか，「想定外の津波」とか，「予想できないパンデミック」に遭遇することが，私たちの人生でも頻繁に起こっているわけですから，失敗したときのリスクが小さい選択肢を選ぶ，あるいはリセットが可能な技術を選ぶというのが，私たちにとって賢いやり方だということになると思います．私の個人的な考えは，時間はかかるかもしれないけれども，計画的に，あるいは段階的に無農薬・無化学肥料をめざすべきで，そのための研究を行うべきだということです．おそらく，皆さんも同意してくださるのではないかと思います．

ところが，無農薬，無化学肥料栽培の研究というのは，大切であるにもかかわらず，携わる人がほとんどいません．それは，私たち研究者が，いくつ論文が書けるかで評価され，昇格や給与が決定されるからで，こういう時間がかかって成果が出にくいテーマの研究に取り組むと，結局は損をすると考えられているからです．皆さんの中から，あえてこういう課題に挑戦する人が出てきて欲しいと思います．

無農薬・無化学肥料栽培をめざすためには，様々な知識と技術を組み合わせなければなりませんので，研究が煩雑になり，単純で分析的な比較検討では片がつかず，複雑系に関する多変量解析による評価法を確立することが求められます．従来の科学が苦手にしているところです．しかし，この世界はそもそも複雑で多様なのですから，こういう課題に勇気をもって挑戦しなければなりません．

本講では，そんなことを考えながら，農薬と除草剤の歴史を簡単に紹介し，IPM という考え方について学ぶことにしたいと思っています．

加持祈禱

病害虫防除の歴史を顧みると，長い間，加持祈禱が主な対処法であったといえると思います．いま現在，アフリカから中国にかけて，大群のトビバッタによる甚大な被害が出ていますが，人力ではどうすることもできません．昔は，こういうとき，加持祈禱に頼らざるをえなかったのだと思います．

古代世界の記録を繙(ひもと)いてみると，ギリシャやローマでは，種子をワインで洗って消毒をしていたことや，バイケイソウ，ウチワマメ，ドクニンジン，ツルボなどの抽出液によって防除が行われていた様子が記されています．これらの植物が殺虫作用をもつ成分を含有していることは，現代科学の分析であきらかにされています．硫黄を使った燻蒸なども行われていたことが知られています．

大蔵永常の『除蝗録』

図 56 「蝗追いの図」（『除蝗録』）

これは江戸の三大農学者と称される大蔵永常による『除蝗録』（1826）に出ている蝗(むし)追いの図です．

大蔵永常の『除蝗録』（1826）には，浮塵子（ウンカ）の退治法として，鯨油を水田に撒く注油法が紹介されています．当時は，鯨がたくさん捕れたこともあるかと思いますが，なぜ菜種油や綿実油ではなく鯨油なのか，不思議なところです．戦後は，ガソリンなどが撒かれたりしたこともあったのですが，浮塵子の気門をふさいで呼吸をできなくさせるという素晴らしい発想です．

雑草との戦い

雑草防除に関しては，日本には長い戦いの歴史があります．高温多雨の夏は雑草との戦いになりますので，夏が乾燥する西欧とは，自ずと農法が違ってきます．日本では，草取りが可能な面積で，集約的な農業を行うような方向に技術発展が進められてきました．

江戸の三大農学者のもう一人，宮崎安貞の大著『農業全書』巻之一（1697）には，「上の農人は草のいまだ目に見えざるに中うちし芸（くさぎ）り，中の農人は見えて後芸る也．見えて後も芸らざるを下の農人とする．是土地の咎人（とがにん）なり」とあります．草取りを怠るなまけ者は，罪人であるとまでいわれています．目に見えない雑草を草カキで削って殺す方法を，「めくら除草」と呼んでいました．いまは差別用語として，使うべきでないと思いますが，いわんとするところを理解していただければと思います．とにかく，雑草はなるべく早いうちに取るのが楽だし，作物に対する負荷も少なくなることは間違いありません．

日本最古の農書として知られる『清良記』第七巻（1629−1654ごろ？）には，雑草は肥料として田畑にすき込むべきもので，それをなまける下農を「悪魔外道也」とよんでいます．「咎人」にせよ「悪魔」にせよ，雑草を刈るか放置するかで，その農民の道徳性が評価されてしまうわけですから，なかなか大変なことだったと思います．

一方，ギリシャ・ローマ時代には，オリーブの絞り粕から作られるアムルカが病害虫や雑草の防除に使われていたという記録があります．また，ルピナス，ドクニンジンの抽出液も除草剤として使われていました．ドクニンジンの抽出液は，ソクラテスが毒杯をあおって死んだときに用いられた処方だといわれています．また，昔は敵の畑に塩を撒いて作物を生えさせにくくしたりする行為もなされたようです．焼畑が行われる地域では，収穫後に畑を焼いて雑草の種子を殺すことが重要な目的でした．

除虫菊

除虫菊の花にはピレトリンという殺虫成分が含まれ，原産地のセルビア地方では，衛生害虫（ノミやシラミ）の駆除に用いられていました．

1885（明治18）年和歌山県有田郡の蜜柑農家の上山英一郎が，福沢諭吉の紹介で，アメリカの植物会社社長H・E・アモアと出会いました．ミカンの苗を分けてもらったアモアは，その返礼として，殺虫効果のある除虫菊の種苗を上山に手渡しました．上山は早速，乾燥させた除虫菊の粉末からノミ取り粉の製品化に成功するのですが，その後，農家から蚊に効く除虫剤の製造を依頼され，澱粉に除虫菊を混ぜた線香（蚊取線香）「金鳥香」の製造を開始しました．最初は棒状だったのですが，燃えている時間が短く，細いため効果を上げるには何本も炊かなければならない，という短所がありました．

1895（明治28）年上山英一郎の妻ゆきが，蚊取り線香を渦巻型に改良することを思いつき，7年の歳月を費やし，1902（明治35）年，現代にも続く「渦巻型蚊取り線香」を発売しました．これが評判となり，1905（明治38）年には日本除蟲菊貿易合資會社が設立され，海外向けにも蚊取り線香の販売が開始されました．

この蚊取り線香で有名な金鳥は，いまでも社名は「大日本除虫菊株式会社」となっています．金鳥という商標名は，「鶏口となるも牛後となるなかれ」ということわざに由来するそうです．

1935年の日本における除虫菊生産量は12,746トンで，世界の生産量の99%を占めていました．ほとんどはアメリカに輸出されました．皮肉なことに，戦争中，米軍はマラリア対策に除虫菊を利用しましたが，日本軍は蚊の対策を行わなかったため，膨大な数の日本兵が南方戦線でマラリアによって亡くなっています．

さて，除虫菊の花の子房部分に多く含まれるピレスロイドですが，テルペン合成経路でできる菊酸とオキシリピン経路でできるピレスロロンが合体して作られます．

実はこの反応は，植物の葉が傷ついたときに生成する五つの香り成分によって誘導されることがわかっています．近畿大学の松田一彦が発見したのですが，みどりの香りの四つの香り（青葉アルデヒド，青葉アルコール，*cis*-3-hexenal，*cis*-3-hexenyl acetate）と，βファルネセンが絶妙な濃度で組み合わさって初めて，ピレトリンの合成が行われるのです．五つの香り成分の組み合わせを突き止めるのは，緻密で天才的な実験が必要だったのですが，本講ではほんのさわりの部分だけ紹介するに留めます．

松田は，ピレトリン生合成に関与する未知の遺伝子を明らかにするための方法として，サブトラクション法を用いたc DNAライブラリーの作成を行いました．この方法は異なる2種の細胞，組織間で量差のあるmRNA由来のcDNAをハイブリダイゼーションにより差し引きして濃縮し，クローニングする技術です．このサブトラクション法を行うためには，ピレトリン生合成に関わる遺伝子の発現量に差のある2種類の組織を準備し，それらのmRNAを得る必要があります．除虫菊は開花の際に子房部分に多量のピレトリン類を蓄積することから，ピレトリンの生合成関連遺伝子の発現は除虫菊の開花に合わせて大きく変動するものと推定し，成長段階の異なる花の子房間でmRNAの発現量の差を検証し，その結果，五つの香りの組み合わせが，各段階の遺伝子発現の引き金になっていることが突き止められました.

ボルドー液のこと

フランスはワインが有名で,とくにボルドー地方はブドウの名産地と言われています.ただ,昔のブドウは病害に弱く生産が安定しませんでした.グリソンが石灰と硫黄を混ぜた石灰硫黄合剤に病害防除の効果があることを発見したのは1851年のことでした.

同じくフランスでボルドー液が発明されたのは1880年のことです.硫酸銅に石灰を混ぜた物で,毒々しい色をしていることからブドウの盗難防止のために撒いたところ,病害予防に効果があることが発見されました.いずれの薬剤も1900年頃に日本に導入され,現在でも使用されています.ボルドー液は,有機農業でも使用できる,数少ない農薬です.

ボルドー液に含まれる銅イオンは植物ホルモンのエチレン生成を促進することが知られています.エチレンの前駆物質はACC(アミノシクロプロパンカルボン酸)という物質で,酸素がとれてエチレンが生成するのですが,その際に,シアンが生成しますので,それが耐病性に関係しているとも考えられています.

なお,アメリカからブドウの樹を輸入したフランスで,アメリカにしかいなかった害虫が発生し,10年後にブドウの収量が半減するという事件があり,1870年代に,各国で検疫制度が作られるようになりました.日本でも明治維新以降,続々と渡来害虫が侵入し大きな被害が生じていました.日本で植物検疫が行われるようになったのは1914年のことです.

DDTの登場

図57は,第二次世界大戦後に普及したDDTの構造式を示していま

す．敗戦後の日本では，子どもたちのシラミ退治のために，DDT 散布がひろく行われました．それまでの農薬は，植物がもっている天然毒を利用した物でしたが，第一次世界大戦以降，ヨーロッパでは合成農薬が作られるようになっていました．

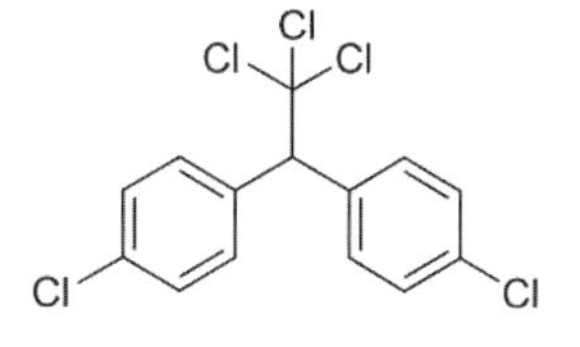

図 57　DDT（ジクロロジフェニルトリクロロエタン）

DDT に殺虫活性があることを発見したのはガイギー社のミュラーでした．さっそく，研究プロジェクトが組まれ，農業用，防疫用に有効であることが確認され実用化されました．これは，人間が大量に合成可能な有機化合物を，殺虫剤として実用化した最初のケースで，ガイギー社は永世中立国であるスイスにあったことから，当時険悪な関係にあった英米と日独の両方に DDT を売り込みました．ミュラーは 1948 年にノーベル賞を受賞しています．

ここで，毒ガスが農薬に転用された経緯について，皆さんに紹介しておきたいと思います．友人でもある京都大学の藤原辰史の著書『戦争と農業』の 63–65 ページから引用してみます．

> アメリカやドイツで第一次世界大戦中に作られた毒ガスは大量に余り，新たな活路が模索されることになりました．アメリカは，同盟国であるイギリスやフランスに毒ガスを売る一方で，自国ではこれを綿花畑に撒くことを始めました．アメリカでは昔から南部を中心に綿花が栽培されてきましたが，綿花には害虫がつきます．綿花栽培に大量の奴隷が用いられた理由の一つはこれです．十七世紀の奴隷制綿花プランテーションの形成以来，害虫を取り除くことは重労働でした．それを毒ガスで取り除こうと考えたのです．
>
> 散布は飛行機でも行われました．空軍の飛行機に毒ガスを載せて綿花畑などに撒いていくこともありました．対象は害虫とはいえ，この「感覚」は，空爆の感覚とどこか通じるものがあります．こうして「平和利用」の名の下に，毒ガスは「農薬」へと名前を変えて利用されていった

のです．

〈中略〉

第一次世界大戦後，毒ガスを開発した科学者たちが消毒会社をつくり，小学校や電車内を消毒殺菌するという事業に乗り出しました．使われたのは青酸ガスという血液剤です．細胞内のミトコンドリアの活動を阻害し，細胞が血液から酸素を取り入れることをできなくする毒ガスです．当然危険なので，ものすごく薄めて人間には無害なようにしたうえで，たとえば穀物倉庫などに撒き，害虫対策として使われました．そうしてだんだんと，農薬として広く一般に売り出されるようになりました．

そのなかに「ツィクロンB（Zyklon B）」というものがありました．ドイツ語のツィクロンは英語ではサイクロン，大旋風という意味です．殺虫剤として広く受け入れられ，ヒット商品となりました．しかしそれが，ヒトラー政権下に，思わぬ方法で使われることになってしまいます．強制収容所でユダヤ人を虐殺するために使われた毒ガスがまさにこれだったのです．ちなみに，ナチスは戦争では毒ガスを使用していません．

2, 4-D

一方，初めて作られた合成除草剤である 2, 4-D は図 58 のような構造です．植物ホルモンのオーキシン作用をもっており，その効果について研究されていたときに，たまたま，外に捨てた場所の雑草が枯れていたことから，除草剤活性が見いだされました．2, 4-D は，当時アメリカで大問題になっていた花粉症の原因植物であるブタクサ防除のために大量に散布されました．

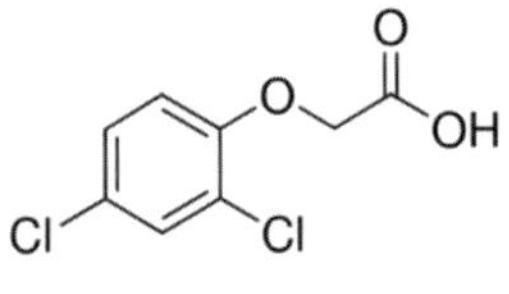

図 58　2, 4-D（ジクロロフェノキシ酢酸）

合成オーキシンである 2, 4-D が第二次世界大戦後に広葉雑草の除草剤として開発されると，DDT 散布による蚊の防除と並行して，2, 4-D 散布によるブタクサ防除が急速に広まりました．ニューヨークでは1946年の夏に，厚生省の衛生監督局が市長と市議会の同意を取り付け，3000エーカー（約1200ヘクタール）の共有地に対して，85万ガロン（323万リットル）の2, 4-Dが散布されています．1949年には，2, 4-Dの製造は2000万ポンド（9000トン）にも達しており，DDTを凌駕していました．

『沈黙の春』と『複合汚染』

農薬害の深刻さについて，広く情報発信を行ったのは，レイチェル・カーソンによる『Silent Spring（沈黙の春）』（1962）です．世界的な名著ですので，是非皆さんにも読んでいただきたいと思います．以下に，印象的な箇所を引用してみましょう．

> 声のきこえない春だ．毎朝，あんなにわれわれの耳を楽しませてくれたコマドリやツグミ，ハト，カケス，ミソサザイ，そしてその他の何十という鳥の暁のコーラスはもうまったく聞こえない．沈黙のみが畑をおおい，森をつつみ，沼にひろがる．
> 鶏が卵をあたためている．だがヒナはかえらない．農夫たちは豚が育たないと嘆く．生まれた子豚は躰も小さく，そして間もなく死んだ．リンゴの花は咲いたが，ハチは花の間を飛びまわらない．だから花粉はつかず，実もならないだろう．

有吉佐和子は，レイチェル・カーソンの告発に対して，主として男性の科学者たちから，以下のような反論の声が上がったことを記しています．

「彼女の本は，彼女が非難する農薬より，ずっと有害である」
「感情を煽るような言葉を用いて民衆を恐怖に陥れた」
「極端に単純化し，明白な誤りをおかしている」

「彼女の告発は不公平で，一方的で，しかもヒステリックである」
「農薬がどこかの水に入れば，あらゆる場所の水が汚染されると書いているが，なんという馬鹿げたことだろう」
「とりこし苦労というものだ」
「誇大な非科学的想像，気違いじみた農薬恐怖症」

おそらく，このような誹謗中傷を書いた男たちは，女性蔑視，経済優先，無責任体制の事なかれ主義に凝り固まっていて，『沈黙の春』が訴えている内容の深刻さに思い至らなかったのだと思いますが，こういう精神そのものが，農薬で汚染された世界を生み出す元凶になったのだということが指摘されなければなりません．有害性を確認しないまま，大量の化学物質を環境中に放出できるような精神が，世界を破滅の淵に追いやっているわけです．『沈黙の春』の 25 ページからレイチェル・カーソンの言葉を引用してみましょう．

化学薬品で消毒した，虫のいない世界を打ち立てるのだ —— そのほうの専門家，また防除業者と呼ばれる人々は，十字軍を起こしかねまじき狂気の勢いである．かれらが，どんなに残酷な暴力行為につっぱしるかは，いたるところで例証されている．〈防除に熱心な昆虫学者は検事，裁判官，陪審員，税査定人，税徴収官，保安官の役を一身に集め自分たちの考えを力ずくで押しとおしている．〉とはコネティカットの昆虫学者ニーリー・ターナーの言葉である．このうえない悪が，国家，ならびに州関係の機関で野ばなしに行われている．

化学合成殺虫剤の使用は厳禁だ，などをいうつもりはない．毒のある，生物学的に悪影響を及ぼす化学薬品を，だれそれかまわずやたらと使わせているのはよくない，といいたいのだ．その薬品にどういう副作用や潜在的毒性があるのか，考えてもみなければ知りもしないまま化学薬品を使う．おびただしい人々が，知らぬ間に，こうした毒を手にしていた —— 手にさせられたのだった．権利の章典に，市民は危険な毒から――私的個人，公的な官庁からばらまかれるにせよ――安全に身を守られるべきである，と書いていないとすれば，それはかしこかった私たちの祖先も，こんなことになろうとは夢にも思わなかったために過ぎない．

この本の訳者あとがきには，とても面白い指摘がありますので，この講義のまとめとして，後で紹介することにしたいと思います．

日本では，有吉佐和子の『複合汚染』が農薬や化学薬品の害を広く周知するのに貢献しました．このような告発をしたのが，女性たちだったということは，大きな意味をもっていると思わずにおられません．日本の公害問題を鋭く追求した石牟礼道子の『苦海浄土』も忘れてはなりません．『自然の死』を書いたキャロリン・マーチャントは「科学革命と女，エコロジー」という副題のもと，科学技術によって自然を征服しようとした男の科学者たちが，母なる自然を陵辱したツケが回ってきたのだと鋭い指摘をしています．

『複合汚染』では，日本人がいかに農薬害に無頓着であったのかが示されています．1964年に行われた東京オリンピックの時に西ドイツ，イギリス，アメリカ，日本人選手の毛髪中の水銀含有量を調べたデータが紹介されているのですが，西ドイツ0.10 ppm，イギリス1.50 ppm，アメリカ2.57 ppm，日本6.50 ppmで，これはイネのいもち病対策で水田に撒かれたフェニル水銀のためでした．水俣病の原因が，チッソの工場廃液中の水銀が原因であることがすでに熊本大学の研究班によって1957年に発表されていたのに，その後もずっと水銀が農村でばらまかれていたのです．関連して，1955年以降，12年間に田畑1ヘクタール当たりに入っている水銀農薬の量の比較グラフが掲載されているのですが，スウェーデン1g，ドイツ6g，イギリス6g，フランス6g，オランダ9g，アメリカ25gに対して，日本は，なんと730gがヘリコプターによる空中散布で水田にまき散らされていたことがわかります.

2000年以降に生まれた方がほとんどだと思いますので，皆さんには環境汚染の感覚が少ないかもしれませんが，日本という国は，農薬汚染と放射能汚染の実験場として，世界に大きな貢献を果たしてきました．水銀汚染の水俣病，カドミウム汚染のイタイイタイ病，そして原爆と第5福竜丸に加え，福島原発による被爆（被曝）など，世界に例を見ない，汚染大国で，しかも，核兵器禁止条約に参加も批准もしないという，たぐいまれなる珍しい国といってよいでしょう.

ところで，レイチェル・カーソンは，先ほども引用しましたが，農薬を一切使ってはならないなどといったのではありませんでした．農薬は適切に使えば，環境汚染や健康被害を抑えることができるのです．しかし，そのような自己抑制あるいはチェック機能をもたせるのが，とくに日本のような経済発展を優先する国では，なかなか難しいということを認めなければならないと思います.

それにしても，昨今，農薬は進化しており，すぐれたものが生み出されるようになりました．大切なのは，即効性，選択毒性，土壌分解性の三つです．即効性というのは，いかに早く効果を発揮できるかということ，選択毒性というのは，ターゲットとなる生物のみに効果が現れ，他の生物には影響を与えないこと，土壌分解性は，効果を発揮した後，直ちに土壌微生物によって無害な物質に分解されることを意味しています.

現在，農薬の登録をするためには，三つ以上の県において2年以上にわたってその薬剤の効果が確認されるとともに，他の植物や昆虫，魚，微生物，人体に対する悪影響がないかどうかを詳細にわたって調べますので，登録には数年以上の歳月と，数億円の経費がかかります.

生物農薬とは？

ところで，日本ではあまり普及していませんが，ヨーロッパでは生物農薬がかなり普及しています．農薬というのは，当然の前提として，作物には被害を与えず，病害虫にのみ殺傷効果を発揮するとア・プリオリに考えられているのですが，実際には，農薬を使うと作物の生育が抑制され，収量が劣るという報告があり，ヨーロッパでは生物農薬の使用が盛んになっています．生物農薬というのは，害虫の天敵となる昆虫や寄生菌などを有効利用するもので，ヨーロッパでは商品化が進んでいます．メリットとしては，人畜に対する安全性が高い，抵抗性が生じる危険がない，有機農業でも使用できるなどが挙げられ，逆にデメリットとしては，有効期限が短い，ターゲットとなる害虫，病気，雑草が限定的である，温室などの密閉空間でないと効果が出にく

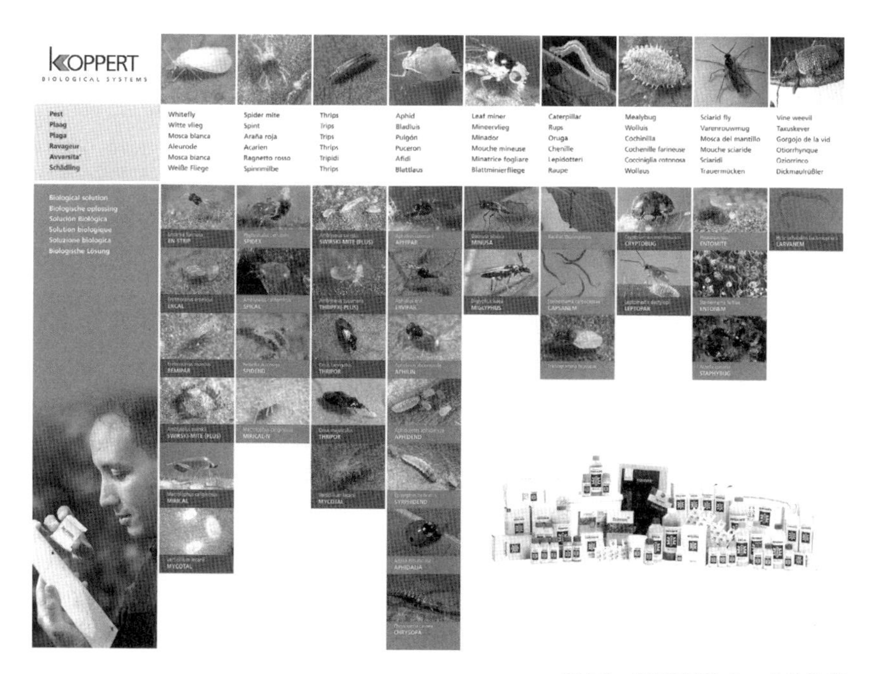

図 59　KOPPERT 社の生物農薬

い，などが挙げられます．ダニを捕食するチリカブリダニとか，コナジラミ対策に使われるオンシツツヤコバチという寄生蜂が有名です．昆虫だけでなく，納豆菌の仲間のバシラス菌を利用した生物農薬もあり，これらの菌が先に優占することによって，後からやってくる病原菌を寄せ付けないというコンセプトです（拮抗作用といいます）．また，ネコブセンチュウに効果を発揮するパスツーリアという生物農薬もあります．図 59 の写真はヨーロッパの KOPPERT 社が扱っている生物農薬の一覧です．日本に比べ，ラインナップが充実しています．

IPM（総合防除）について

さて，本講のタイトルに，農薬 vs IPM というテーマを掲げておきましたが，実際には，農薬と IPM は対立概念ではありませんので，厳密にはおかしなタイトルになってしまっているかもしれません．農薬一辺倒の病害虫・雑草防除から，少なくとも IPM の中で農薬使用を位置付けるようなことを考えなければならないのではないかというような提言をしたいと思ったわけです．

初めて聞いた人は，是非 IPM という言葉を覚えていただきたいと思います．スペルは，Integrated Pest Management で，日本語では総合防除と訳しています．Integrate は総合する，積算するというような意味です．数学で積分をやった人は，∫ をインテグラルといっていたことを覚えていると思います．Pest は狭義には感染症のペストをさしますが，広く病虫害全般を表します．Pesticide といえば農薬ですね．この場合の pest も病気だけでなく，虫なども含むと解釈してよいと思います．-cide はラテン語の cedere（切る）に由来し，殺すという意味です．Suicide（自殺），fungicide（殺菌剤），insecticide（殺虫剤）などと合わせて覚えていただければと思います．

IPM の定義は，「あらゆる適切な技術を相互に矛盾しない形で使用し，経済的被害を生じるレベル以下に害虫個体群を減少させ，かつその低いレベルに維持するための害虫管理システム」とされており，注目すべきなのは，「経済被害」と「管理システム」という概念です．根絶するのではなく，経済的に許容範囲内に管理する方針が大切です．IPM を実施するためにはモニタリングが重要になってきます．

モニタリングとバンカー作物

モニタリングに基づく発生予察は，自分の畑だけで行うのではなく，地域全体の情報を勘案しながら行う必要があります．行政や農協，大学の研究者などとの緊密な連携が求められているように思いますが，この点，日本は極めて遅れているのが現状です．IPM ではなるべく農薬を減らして天敵昆虫の働きを活用するのですが，一つの工夫として，バンカー作物といって，天敵のすみか，あるいは増殖する場所になるような作物を植えておくと，天敵昆虫の密度を高めるのに効果的だといわれています．バンカーというのは銀行家のことで，天敵をバンカー作物に預けておくことを，預金することにたとえたわけです．

IPM の効果

岡崎の研究によると，IPM でリンゴ園を管理したときと，農薬を使ってリンゴ園を管理したときの，当年と翌年の害虫（ナミハダニ）と天敵昆虫（カブリダニ）の密度をモニタリングした結果，農薬を使った場合には，当年の害虫密度を低く抑えることができた反面，天敵昆虫の密度も激減してしまいました．その結果，翌年，IPM 区では害虫が現れたときに，直ちに天敵昆虫の密度が高くなって害を抑えることができましたが，農薬区では，天敵昆虫の密度がなかなか高まらず，IPM 区よりも害虫密度が高くなってしまうことがわかりました．

また農薬を多用するとリサージェンス（vesurgence）といって，害虫や雑草が抵抗性を獲得し，かえって被害が甚大になるケースも知られており，注意が必要です．

性フェロモンを使ったトラップ

IPMでは性フェロモンを使って害虫をトラップし，発生予察やモニタリングを行うことがあります．図60の写真は，サツマイモの害虫であるアリモドキゾウムシのフェロモンを塗ったゴムをつるして，石けん水を入れた洗面器にアリモドキゾウムシを捕獲している写真です．石けん水でないと，虫が浮かんで逃げてしまいます．インドネシア領パプアでは，サツマイモは主食の一つとなっているのですが，アリモドキゾウムシの被害が大きく，困っていました．

アリモドキゾウムシは羽をもっていますが，飛ぶことはありません．サツマイモの原産地は南米で，アリモドキゾウムシの原産地はアジアですので，寄生関係は比較的最近（長くても400年程度）と考えられ，自然界には，まだ抵抗性品種は存在しないようです．

この害虫が，ツルやイモの中に入ってしまうと，農薬を使っても除去が難しく，根絶するには根気が要ります．沖縄や南西諸島にも進出しており，現在，これらの地域から日本の他地域にサツマイモを持ち込むことは禁止されています．被害株を焼却したり，収穫後の畑を水没させたり，また周囲のヒルガオ科の雑草を除去したりするなどの対策を，地域レベルで行うことが必要です．

図60　フェロモントラップ（Z-3-ドデセニル-E-2-ブテノアート）に寄ってきたアリモドキゾウムシ（インドネシア領パプアにて［著者撮影］）

フェロモントラップで交信攪乱をして交尾をできなくするような方法も行われています．

不妊虫放飼

図61　石垣島のミバエ根絶の碑
（花谷史郎撮影）

放射線を照射して不妊化した雌を自然界に放つことにより，野生個体の数を減らす害虫駆除法を，不妊虫放飼法といいます．ウリミバエは1919年に八重山群島に確認され，それ以降大きな被害を生み出してきました．沖縄県が不妊虫放飼法に取り組み始めたのは，アメリカから復帰した1972年のことでした．久米島で試験に成功したのが1978年で，1982年には毎週3000万頭，1986年には毎週1億頭を飼育できる大量増殖施設が完成し，不妊虫放飼が進められた結果，宮古島では1987年，沖縄群島では1990年，八重山群島では1993年にウリミバエの根絶が達成されました．図61の写真は，石垣島にある記念碑です．

Bt作物について

害虫抵抗性を組み込んだ遺伝子組換作物（Bt作物）や除草剤抵抗性を組み込んだ遺伝子組換作物については，みなさんが調べていただければと思います．日本では認可されていませんが，海外ではいくら除草剤をかけても枯れないような遺伝子組換作物を栽培し，いわば農薬漬けにして雑草を防除しているようなケースもあり，注意が必要です．このような組換作物の種が日本の港湾にも漏出し，雑草化しているケースも観察されています．

農薬をかけても枯れない組換作物は，農薬とパッケージになって途上国の農民に押しつけられることがあり，南アジア諸国の農民たちが，大勢自殺に追い込まれるような事件がありました．

アレロパシーの利用

害虫や雑草の防除には，作付体系（混作，間作，輪作）の工夫が有効ですし，殺草効果や駆虫効果をもつアレロパシー植物の利用も有効です．ある種の植物には，他の植物や他の生物に強い影響を及ぼす物質を作る場合があり，そのような物質をアレロケミカル（allelochemical），そういう現象をアレロパシー（allelopathy）と呼んでいます．Alle というのは，「別の」というギリシャ語で，pathy は「パトス」すなわち情熱，情感を表します．テレパシーが遠く（テレ）にいる人にパトス（パッション）を伝えることを意味するように，アレロパシーは他の生物に影響を及ぼす現象をいいます．

有名なのは，マメ科のムクナやヘアリーベッチで，ドーパやシアナミドなどのアレロケミカルの雑草抑制効果と窒素固定効果が，マルチによる雨滴障害予防などと相俟って，有効利用されています．私はアレロパシーに興味をもっていますので，研究してみたい方は，ぜひ一度お訪ねください．日本のアレロパシー研究の第一人者は，藤井義晴で，私も親しくさせていただいています．

雑草を知ろう

水田雑草と畑雑草の代表的なものを図62にリストアップしました．公務員試験などには頻出で，一年生か多年生かを合わせて，把握していただきたいと思います．

「雑草という名の草はない．それぞれに名前がある」という至言を残したのは，植物学者の牧野富太郎です．雑草や害虫を根絶しようと化学物質をばらまいてきた時代から，私たちは次のステップを踏み出さなければなりません．それは共生の道であり，人間も生態系の中の一構成員にすぎないという自覚をもつことがまずもって大切なのではないかと思います．

さて，最後に，『沈黙の春』のあとがきに指摘されている，現代農業のいびつさを紹介して，本講を閉じたいと思います．筑波常治の言葉です．

> 人間が今日のごとく高度文明をきずきえたのは，採集経済から脱して，牧畜さらに農耕という生産手段を発明したからである．それは換言すると，ある特定の土地を，牧場あるいは田畑として使用することである．さらに換言すると，人間の利用目的にかなう家畜・作物によって，それらの土地を独占させることでもある．ほんらいならばそこの土地には，家畜・作物いがいの各種生物が，当然のこととして棲息していた．人間はそれらの生物群にたいし，害獣・害鳥・害虫あるいは雑草といった汚名を一方的にかぶせ，強引に排除する手段にでた．こうして自然界のバランスが

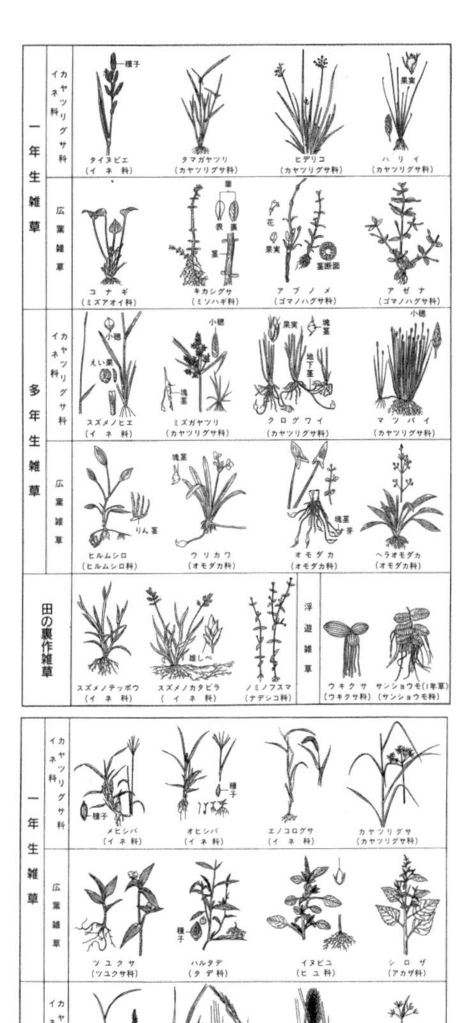

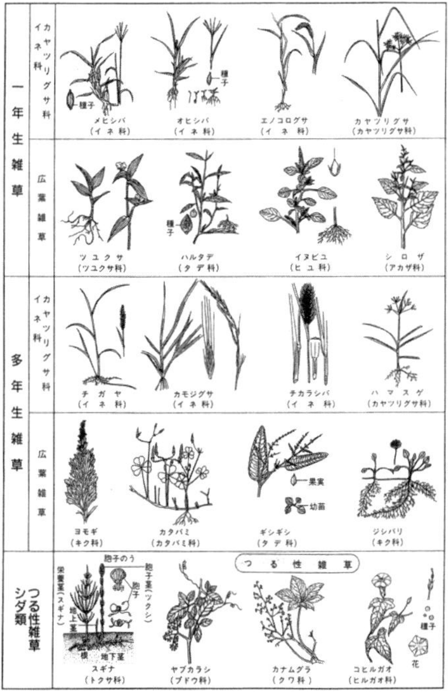

図 62　畑雑草と水田雑草
（角田公正ほか編著『栽培環境入門』実務出版，2019，132-133 頁）

くずれた．いわゆる公害の起源は，工業とともにおきたのではなく，遠く牧畜ないし農耕のはじまりにさかのぼるのである．

家畜や作物は，いずれも野生生物から進化した．人間の利用目的にかなうように，“改良”されたものである．この改良という言葉自体，はなはだ人間本位の用法である．人間の利用する部分，ブタならば肉，イネならば種子，キャベツならば葉，ダイコンならば根，といった各器官を，人間の利用に有利なように改造することをさしているわけだが，自然界の生物としてみたらどういうことになるか．それは身体の一部の器官だけが他の器官とくらべて不釣り合いに肥大化させられることを意味している．つまり生物としては畸形になり，生活能力において虚弱化する．これが家畜および作物を改良するということのもうひとつの側面である．イネが豊かにみのった状態を，「黄金の穂がたわわに――」といった表現であらわすが，それを天然の植物としてみれば，あまりにも穂の部分だけ巨大化しすぎてしまい，まっすぐにたっていることができなくなった不健康な状態である．時代とともに，人間は家畜・作物の改良をすすめた．ということは，不健康の度合いをひどくさせたのである．当然ながらそれらの生活能力は，低落の一途をたどった．〈後略〉

続きは，どうぞ直接，『沈黙の春』を読んでください．

第10講　作付体系と休耕規定

農業が，多種多様な要因によって成り立つ複雑系の中で行われる営みであることは，これまでの講義によっておわかりいただけたのではないかと思います．複雑系というのは，非線形といってもよいと思いますが，原因と結果が単純な直線的関係にあるのではないということを意味しています．もちろん，ある一面だけを切り出してみれば，たとえば，施肥量と作物の生長などは，dose-response curve（用量作用曲線）というものを作ることが可能です．これまでの農学分野で行われてきた研究を顧みるとき，実験系を単純化して，原因と結果を線形で論じる努力がなされてきたといってよいと思います．それが無意味であるというのは乱暴ですが，現実の複雑系の世界にそのまま適用するには，注意が必要です．私たちは，複雑系の世界に単純化された線形の関係を投影することの意義と危険を常に考慮していなければなりません．しかし実際には，農業に関して，あたかも単純系であるかのような議論が行われていることが多く，注意しなければならないと思っています．

先ほど例に挙げた肥料の効果や品種特性などは，同じ条件下で比較実験をすることによって，まだどちらがよいかなどを判断することが可能です．しかし，本講で取り上げる作付体系については，たとえば，混作，間作，輪作，アグロフォレストリーの善し悪しなど，比較検討することも難しく，実験をするにしても長年月を要し，再現も容易でありません．たとえば，伝統的に受け継がれてきた農法や世界各地で行われている農法について，部分的に切り出してきて，理論的に利点や欠点を論じたり，比較検討したりすることができたとしても，そもそも，外部条件，つまり気候や環境条件やそれに携わる人間の側に常にゆらぎが存在するわけですから，何がベストかを論じることは原理的に不可能といわざるをえないと思います．また，仮に要因分析という還元的な手法が有効であるとしても，種々の要因について，どういう組み合わせで，どういう時期に，どういう量を適用するのが最もよいかを考えるのは，ほぼ無数の場合を想定しなければならず，私たちの能力にはあまることだといわなければなりません．

農業を行う上では，労働生産性を高めるために，一方で，できるだけ農業生態系を単純化しようとするベクトルが作用します．たとえば，単一作物を連作し，化学肥料を使い，除草剤や農薬を利用し，ドローンなどの先端的な科学技術を駆使して，農業生態系そのものを制御しようとする方向です．その究極的な姿が，植物工場といえるでしょう．昨今，AI を駆使した「スマート農業」などと称されるような農業がもてはやされており，あたかもすべての要因を制御できるかのように思い込んでいる人がいるかもしれませんが，AI というのは人工知能のことで，「人間にしかできなかったような高度に知的な作業や判断をコンピューターを中心とする人工的なシステムにより行えるようにする」ことですから，人間にできないことは，コンピューターにもできるはずがありません．そもそも英語のスマートは元来，痛みやうずきを意味する言葉で，苦痛や苦悩を乗り越える知恵こそがスマートと呼ばれるようになったのです．オランダ語の smart（苦悩・苦痛）を参照してください．

他方，多様な要因間における相互関係を活かして安定を図るという方向も考えられます．有機農業とか，循環型農業とか，自然農業というような複雑系を活かそうとする農業はそのような方向をめざしているといえるでしょう．IPM（総合防除）という考え方も複雑系を活かす取り組みであるといえると思います．私自身，気象変動が激しく，経済が不安定になっている今日，より安定した農業を行うためには，複雑系の長所を活かした農業についての理解が不可欠だと思っています．しかし，科学的にどのように思考すればよいのかについては，私にはまだ論じる力がなく，こういう異なるベクトルをもった農業について，同じ近代農学の枠組みの中で論ずるのは注意を要するという指摘ができるのみです．

本講で取り上げる作付体系（cropping system）に関して J-STAGE という日本語論文の検索エンジンで調べてみると，実に 2000 以上の論文がヒットします．すべてに目をとおしたわけではありませんが，ざっと見たところ，実験を行った結果を科学的に論じるよりは，どういう地域で，どういう作付体系が見られるというような紹介が多く，その歴史的な展開に関する考察がほとんどのようです．私自身は，それらの論文を「なるほど」と感心しながら読むわけですが，線形方程式のような正解があるわけではありませんから，「味わったり」「感じたり」できれば，それでよいのではないかと思っています．そんなわけで，本講に関しては，覚える努力をするのではなく，感じ取るような仕方で，読んでいただければと思います．

三圃式農業をめぐって

農業の枠組みは，作物の生育が盛んな夏に乾燥気味の地域と，湿潤な地域で大別することができます．近代農学が成立したヨーロッパでは夏は乾燥気味になりますので，耐乾性に強い作物を選び，地表を浅く耕すことによって毛細管現象による地表面からの水分蒸発を防ぐことが大切になります．深耕してしまうと，土壌水分が失われ，逆効果になります．他方，日本のような夏に湿潤となる地域では，雑草の繁茂を抑えることが必要で，そのためには土壌を反転させるような深耕（天地返しといいます）が不可欠です．ヨーロッパ型の農業では，農地を拡大して労働生産性を高める方向に発展しますが，日本のような夏湿潤な気候の地域では，農業は手間暇をかける集約的な方向に発展します．

まず，イギリスで三圃式農業が成立した過程をみてみましょう．

イギリスでは，1066年のノルマン人による征服以降も，食糧生産の目的は自足のためであり，その範囲は自分自身の労働で耕すことができる耕地に限定されていました．しかし，個人では役畜と犂（すき）からなるプラウ・チームを維持できないため，隣人間の共同作業によって1台の犂と8頭からなる一組の牛が編成されるようになります．彼らは等高線と直角に交わるように毎日地条（ストリップ）を耕し，平等になるように一日に一すじずつ耕した地条を，それぞれの家族に割り当てました．等高線と直角になるように耕すのは，それぞれの地条で排水性が等しくなるためです．また，面ではなく，地条を個人に割り当てたのは，面積を単位にして個人に農地を割り当てると，播種や収穫に時間のずれが生じてしまい，不平等になりがちだからです．つまり，1日耕したらそこは誰々さんが種を播いて収穫する，次の日には別の所を耕して次の人が種を播いて収穫を得る．このように何人かで毎日一すじ一すじ耕してはそれをその人の持ち分としました．耕すのは共同作業ですが，耕した後の麦播きは個人的に行われました．これらの耕地は一年の一定期間，境界が取り払われて，家畜の放牧のために開放（オープン）されたので，この方式をオープン・フィールド方式とよんでいます．初期のころは土地を二分し，半分に作付け，半分は休耕する二圃式が主でしたが，次第に春穀，冬穀物，休耕の三つのフィールドをローテーションさせる三圃式に移行し，やがてクローバーやカブ，ライムギ，マンゴールド（フダンソウともいいます），カンランなどが導入されるに至って輪栽式とよばれるノーフォーク型にシフトしていきました．イギリスの農業は，畜産と組み合わされていましたので，どうしても飼料が必要でした．ノーフォーク型で根菜類を組み合わせることができるようになって初めて，家畜を年間通して舎飼いできるようになりました．

当初，オープンフィールドで利用可能な草地は，以下の四つでした．

1）共同まぐさ地：村落及びオープンフィールドに接する土地で，一定の小作地の占有者に放牧の権利が与えられた．

2）採草地：草を刈る権利をもつものに乾草収穫と採草地の後草に放牧する権利が与えられ，草収穫後から冬の始まりまでの間，放牧の権利が与えられた．

3）オープン・フィールド：刈り株に対して放牧が行われた．

4）路傍のストリップと荒れ地

オープン・フィールドの自足農民たちにとっては，冬期飼料の供給が農業の制限要因となっていました．利用可能な乾草と藁だけでは，種畜と役畜を養うのがやっとでした．もちろん何頭かの一年児が，つぎの放牧期まで持ち越されたのですが，冬が近づけばほとんどの家畜は屠殺され，塩漬けや燻製にされねばなりませんでした．

話を端折りますが，このような自足的な農業は，やがて利潤を追求する農業に移行し，その過程をイギリス農業革命と称しています．このような移行は一気に起こったのではなく，時間をかけて，まちまちに進行しました．イギリス農業革命の駆動力となったのは，以下のような要因でした．

1）黒死病（ペスト）により隷農小作人が大量に亡くなり，隷農の解放と賦役労働や地代の代金納が進んだ．

2）都市の着実な発達と労働者に対する需要が増加した．

3）羊毛生産と労働不足の解消のために囲い込みが進行した．

4）食糧消費者の増加により，在来種家畜の改良，土壌肥沃度の維持増進が進んだ．

5）林地・荒れ地の伐採と開拓が行われた．

6）暗渠排水技術の発展と沼地の開拓が進み，農業機械の導入と化学肥料の施与が行われるようになった．

7）1839 年にイングランド王立農業協会が創立され，年次展示会の開催により，家畜の改良が進んだ．

ノーフォーク型の成立

イギリスは，農業革命を経て，工業国へと発展しました．1700 年から 1880 年までの間に農業および農村生活に大きな変化が生じたのですが，より少ない農民によって都市の消費人口を支えるために，休閑を必要とした三圃式農業から，休耕を必要としない穀草式，そしてフランドル地方から導入したカブなどを組み込んだ輪栽式（ノーフォーク型）に移行しました（図 63）．こうして，共同耕作地は個別農業に道を譲り，共同まぐさ地は囲い込まれて農場に割り当てられ，大面積の林地と荒れ地とが開拓され耕作されるようになりました．また家畜改良も進んで，肉類や羊毛その他の畜産物が豊富に供給されるようになり

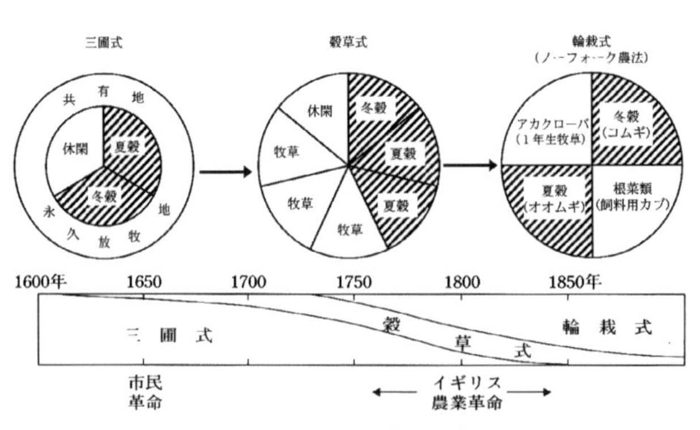

図 63　イギリスにおける土地利用と農法の変化
（加用信文『日本農法論』御茶の水書房，1975）

ましたが，市場システムの成立，つまり利潤追求がその推進力としての役割を果たしました．家畜の育種とともに，心土犂を利用した暗渠排水法が発展することによって耕地が拡大し，農業はより多くの機械と化学物質（肥料や農薬）に頼るようになっていきました．

ついでに穀物法について，若干ふれておきたいと思います．

イギリスでは中世末期から穀物の輸入を規制する法律がありましたが，1815年ナポレオン戦争終結の際，地主が優勢だった議会は戦後も穀価を高く維持するため，国内価格が1クォーター80シリング（＝4ポンド）に達するまで外国産小麦の輸入を禁止する穀物法を定めました．その後，穀価の騰落に応じて輸入関税を増減する方式に改められたのですが，1839年反穀物法同盟が組織されてからは産業資本家層が中心となって激しい運動が展開され，1846年にピール内閣によって穀物法は廃止されるに至りました．大方の予想に反し，穀物法の廃止は，イギリス農業を進展させたといわれています．

以上の説明のまとめとして，『農業革命の研究——近代農学の成立と破綻——』（飯沼二郎，農山漁村文化協会，1985）に引用されているグラスの論文を以下に紹介しておきたいと思います．

> 輪栽式の歴史を書くことは困難である．それは，農民の実験や，農民や農業著述家の研究や推理の，あるいは成功もし失敗もした試みの結果として，各地に出現した．たとえば古代中国の大土地所有において，中世のロンバルディアやタスカニアにおいて，スペインの一部，フランスの北部，スイスやラインランド地方，とくに15・16世紀以降にフランドルにおいて顕著に出現した．はじめ，輪栽式ないしそれに類似したものは都会の附近や人口の稠密な地方において発達した．そして，こんにちの世界にたいし最も重要な意義をもち，ヨーロッパおよびアメリカの模範となった輪栽式は，イギリスにおいて発達した．……イギリス人はその輪栽式の二つの新しい重要な要素をフランドル人から得た．輪栽式

の中でももっとも有名で，かつ，イギリスでおそらく最古のものは，クローバー・コムギ・カブ・オオムギよりなるノーフォーク型輪作 Norfolk rotation であり，これはノーフォーク州の東部で18世紀の末に発達し，アーサー・ヤングによって，ヨーロッパおよびアメリカにおいて有名となった．……それを普及させるのが18世紀の仕事であり，それを地方地方の条件に適合させるのが19世紀の仕事であった．

こうして，作物をローテーションさせることによって休耕せずに栽培することができるようになったのですが，どうしてもリン酸欠乏などが起こり，過リン酸石灰などの化学肥料が投入されるようになっていきます．やがて，畜産と作物栽培が分離されるにしたがって，化学肥料と農薬が多用されるようになり，輪作なしの連作が行われるようになっていきます．こうして得られた高い生産効率と引き換えに，農業の維持可能性が危ぶまれるようになってきたことは，土つくりや肥料，農薬などの講義で述べたとおりです．

都市の発展に伴って農村では手がかからない畜産を中心とする農業になり，農村から都市へと人口が移っていきます．農業は自分たちが食べるものを作る自給的なものから，都市を養う商品生産的な農業へとシフトしていきました．

イギリスでは特に工場制手工業が発展し，羊毛を加工するようになりました．農村では地主が土地を囲い込む一方で，土地を持たなくなった人たちは都市に行って肉体労働者になりました．こうして1840年以降，マルクスやエンゲルスの時代になりますと，ブルジョアジーとプロレタリアートとに階級分離が進みました．農業もやがて生業でなくてビジネスになってきました．マーケットを介して作ったものを消費者に届ける，つまり，作る人，売る人，食べる人の顔が見えない関係が現出してきたのです．

また一方でイギリスやヨーロッパで加工するための材料は，中南米の植民地で綿やサトウキビを作らせることによって供給されました．アンクルトムの小屋などを見ましても，アフリカから連れて行かれた奴隷たちが，ヨーロッパで加工するための綿をどんなに過酷な条件で作っていたかということが偲ばれます．このようにしてヨーロッパの中でも農村と都市が顔の見えない市場を介した関係となっていく，また海外の植民地の奴隷労働あるいは児童労働に立脚した産業革命が進展していく．こうして世界資本主義が生み出されてきたわけです．よしあしは別にしてイギリスにおける作付体系の変化が農業革命をもたらし，植民地とその後の開発途上国の歴史を作り出したのだということをぜひ胸に刻んでおきたいと思います．

多犯性病害虫

さて，農地生態系が単純化されると，複雑系においては相互に関連していた結びつきが断片化され，ある要因のみが突出するような相変異が起こりやすくなり，その結果，たとえば表7に示したような，連作障害の原因となる多犯性病虫害が惹き起こされるようになります．共通の病虫害に冒される危険がある場合，それらを混作，間作あるいは輪作しても，危険を分散することにはなりませんので，注意が必要です．

ヨーロッパでは，イギリス農業革命に典型的に見られるような作付体系の変遷をたどりましたが，日本やアジアでは，焼畑移動耕作（shifting cultivation）を中心としたシステムから水田稲作を中心とし

表7　畑作物の連作で多発する病害虫

作物	病害虫
陸稲	イネシツトセンチュウ、根アブラ虫
ムギ	ムギ萎縮病、立枯病
ダイズ	ダイズシストセンチュウ、黒根腐病、茎疫病
アズキ	アズキ落葉病
ラッカセイ	紫紋羽病、褐斑病
サツマイモ	サツモイモネコブセンチュウ、紫紋羽病
サトイモ	ミナミネグサレセンチュウ、乾腐病
ジャガイモ	ジャガイモシストセンチュウ、青枯病、そうか病
キュウリ	サツモイモネコブセンチュウ、つる割病
スイカ	サツモイモネコブセンチュウ、つる割病
メロン	サツモイモネコブセンチュウ、つる枯病、つる割病
トマト	サツモイモネコブセンチュウ、青枯病、萎凋病、モザイク病
ナス	サツモイモネコブセンチュウ、青枯病、半身萎凋病
ハクサイ	根こぶ病、黄化病
キャベツ	萎黄病、根こぶ病
ダイコン	キタネグサレセンチュウ、萎黄病、根こぶ病
ニンジン	サツモイモネコブセンチュウ、白絹病、しみ腐病

（『新編農学大事典』養賢堂，2004，1001頁）

た作付体系に移行しました．ブラジルなどでは有名なセラード開発によって，ダイズ，トウモロコシ，コムギの世界的な大産地が形成されましたが，アマゾンの熱帯雨林の消失とそれにともなう生物種の減少，二酸化炭素吸収量の低下など，その代償として生態系が被ったダメージは世界規模で影響を及ぼすに至っています．

連作，輪作，混作，間作など

ここで，作付体系について纏めた図64をみてみましょう．熱帯農業事典からの引用です．これまで大雑把な農法の変化について述べてきましたが，ファーミングシステムというと経営的なニュアンスが強くなりますので，ここでは作付体系（cropping system）という用語を使うことにします．

同じ畑で同じ作物を連続して作るようなやり方を連作（sequential cropping）といいます．連作を続けると収量が低減しますが，これを収量低減の法則といいます．地力の消耗と多犯性病虫害が主たる原因で，近代農業では，これを化学肥料と農薬で制御しようと

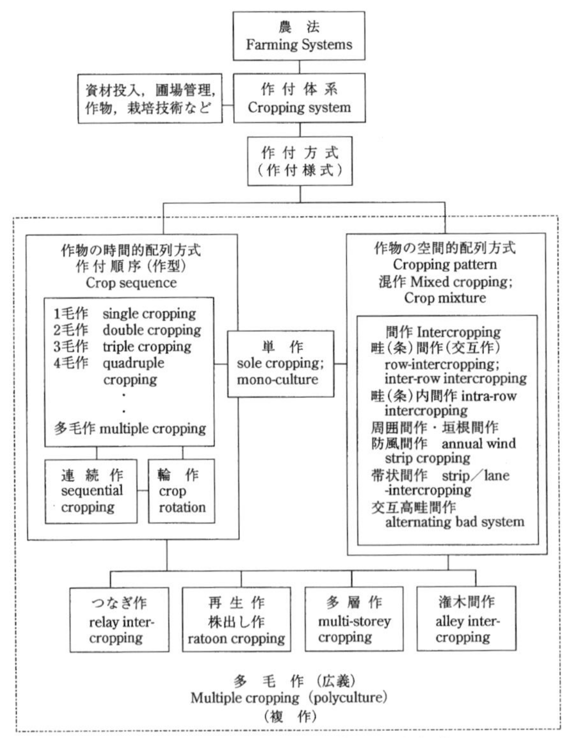

図64　熱帯地域における伝統的作付体系の諸方式
（『熱帯農業事典』養賢堂，2003）

してきました．その弊害は，環境問題あるいは健康問題にまで発展しており，その反省から，たとえば有機農業運動が盛んになってきたといえると思います．

この図では，作物を時間的にずらして栽培する方式を作付順序（crop sequence）とし，作物を複数回，連続的に栽培する多毛作について，1毛作，2毛作，3毛作……とよぶことが示されています．同じ作物をくり返し栽培するときは，1期作，2期作，3期作といいます．ローテーションしてもとの作物に戻る場合は，輪作（crop rotation）といいます．

一方，時期を同じくして異なる空間に作物を組み合わせて栽培するのを混作（mixed cropping）といい，以下のようにいくつかのパターンがあります．間作（intercropping）には時間的な概念も含まれており，たとえば樹木が育つまで栽培期間が短い野菜を栽培するような灌木間作（alley intercropping）も含まれますし，経済性の高い複数の作目の間で，短期間に収穫できるマメ科作物を栽培したりするようなつなぎ作（relay cropping）のようなものも含まれます．サトウキビのように同じ個体の刈り株から再度栽培するような方式は株出し作とか再生作（ratoon cropping）などとよばれます．また農地を立体的に効率よく使うために，複層的に作物を栽培するような方式を多層作（multi-storey cropping）とよびます．

輪作の実証研究の一例

ここで，1951年に青森県で行われた試験結果について紹介しておきたいと思います（表8）．随分古い資料だと思われるかもしれませんが，6年にも及ぶ輪作研究の貴重なデータです．

ナタネ，コムギ，ジャガイモ，ヒエ，トウモロコシ，ダイズのそれぞれについて，連作したときの収量が100として表の一番下に表示さ

表8　輪作様式別作物収量指数
（青森県農試藤坂試験地の1951年調査）

区分	ナタネ	コムギ	ジャガイモ	ヒエ	トウモロコシ	ダイズ
2年輪作 a	—	162	—	287	—	197
2年輪作 b	—	150	129	—	—	113
2年輪作 c	—	171	142	—	—	—
2年輪作 d	122	—	135	—	—	—
3年輪作 a	—	155	125	246	—	72
3年輪作 b	—	147	122	—	130	—
3年輪作 c	—	169	147	—	140	—
3年輪作 d	147	167	130	—	—	143
6年輪作	137	241 182	140	309	122	185
連作	100	100	100	100	100	100

註 2年輪作 a:ヒエ→コムギ→ダイズ
2年輪作 b:ジャガイモ→コムギ→ダイズ
2年輪作 c:ジャガイモ→コムギ→ソバ
2年輪作 d:ジャガイモ→ナタネ→そば
3年輪作 a:ジャガイモ→コムギ→ダイズ→ヒエ
3年輪作 b:ジャガイモ→コムギ→ハクサイ→トウモロコシ
3年輪作 c:ジャガイモ→コムギ→クローバー→トウモロコシ
3年輪作 d:ジャガイモ→ナタネ→青刈ダイズ→コムギ→ダイズ
6年輪作 d:ジャガイモ→ナタネ→青刈ダイズ→コムギ→ハクサイ→ヒエ→コムギ→ダイズ→トウモロコシ

れています．この数字に対して，二年輪作の例では a）ヒエ→コムギ→ダイズ，b）ジャガイモ→コムギ→ダイズ，c）ジャガイモ→コムギ→ソバ，d）ジャガイモ→ナタネ→ソバ，三年輪作の例では a）ジャガイモ→コムギ→ダイズ→ヒエ，b）ジャガイモ→コムギ→ハクサイ→トウモロコシ，c）ジャガイモ→コムギ→クローバー→トウモロコシ，d）ジャガイモ→ナタネ→青刈りダイズ→コムギ→ダイズ，そして六年輪作の例としては，ジャガイモ→ナタネ→青刈りダイズ→コムギ→ハクサイ→ヒエ→コムギ→ダイズ→トウモロコシという作付順序になっており，それぞれの収量が書かれています．

これをみると，ほぼすべての作目で輪作をする方が連作よりも収量が高くなっていることがわかると思います．とくにコムギでは1.5倍から2倍近くになっており，ヒエでは2.5倍から3倍になっているのがわかるかと思います．

連作障害を避けるために

スイス・ドイツ圏で推奨されている輪作のガイドラインには，穀物，トウモロコシ，アカザ科，ナス科，アブラナ科，マメ科，キク科などで，同じカテゴリーに属する作物を作付けるまでに，どのくらいの間隔を空けるべきかが示されています．とくに，ナス科やマメ科で間を空けることが勧められています．具体的な数字を挙げてみますと，ライムギ同士なら３年，トウモロコシは１～２年，ホウレンソウやビートなどのアカザ科の作物は２年，ジャガイモやナス，トマト，タバコなどのナス科植物は２年，とくにタバコ同士の場合は３～５年，アブラナ科同士は２年，キク科植物は２年（ヒマワリ同士は３年），マメ科同士は３年（エンドウマメ同士は６年），間を空けることが推奨されています．

タイにおける作付体系の一例

ところで，水稲の場合，日本においても1000年を超える栽培の歴史がありますが，連作障害はそれほど問題になりません．いもち病や浮塵子（ウンカ）など，深刻な病害虫が存在することは確かですが，絶えず灌漑水によって栄養分が補給されることにより，土壌の肥沃度は保持されやすいと考えられています．したがって，ヨーロッパの近代農学の理論をそのまま水田農業を中心とした日本やアジアの農業に適用しても，しっくりこないことがよくあります．

表９はタイにおける作付様式のバリエーションを示したものです．イギリスの三圃式とか穀草式，輪栽式が１年単位で回っていたのに対して，タイのような雨季と乾季がはっきりしているモンスーンアジアでは，１年を２期に分けて，水田稲作と他の畑作物を組み合わせるのが基本的な枠組みに

表９　タイ中央平原三角州上流部にみられる主要な水田作付け方

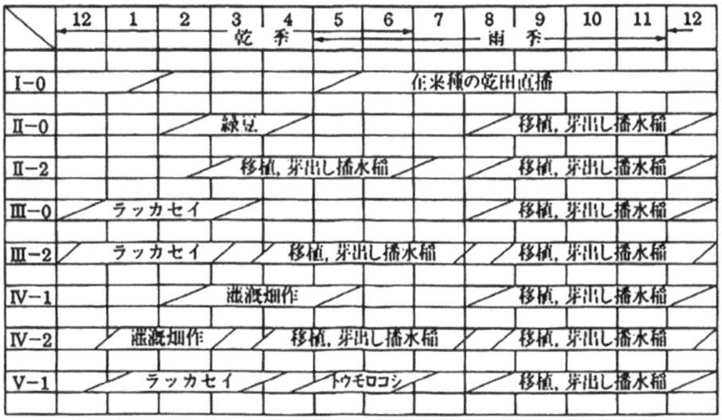

	12	1	2	3	4	5	6	7	8	9	10	11	12
				乾季					雨季				
I−0								在来種の乾田直播					
II−0				緑豆							移植，芽出し播水稲		
II−2						移植，芽出し播水稲					移植，芽出し播水稲		
III−0		ラッカセイ									移植，芽出し播水稲		
III−2		ラッカセイ				移植，芽出し播水稲					移植，芽出し播水稲		
IV−1				灌漑畑作							移植，芽出し播水稲		
IV−2		灌漑畑作				移植，芽出し播水稲					移植，芽出し播水稲		
V−1			ラッカセイ				トウモロコシ				移植，芽出し播水稲		

（『新編農学大事典』養賢堂，2004，999頁）

なります．ここでは回しているというよりは，どちらかというと切り替えているという感覚です．

『耕稼春秋』の作付体系の一例

日本で行われていた農業には，極めて多彩な作付体系のバリエーションがありました．図65は『耕稼春秋』（1707，土屋又三郎）という，いまの金沢にあたる地方で書かれた江戸時代の農書に見られる作付ローテーションの一例で，きわめて多様な組み合わせがあったことがよくわかると思います．日本の場合，夏が高温多湿になるために，どうしても除草のために手間暇をかけなければならず，あまり耕地を拡大することができません．したがって，狭い農地で手間暇をかける，このような多様な作付体系が発展したのだと思います．

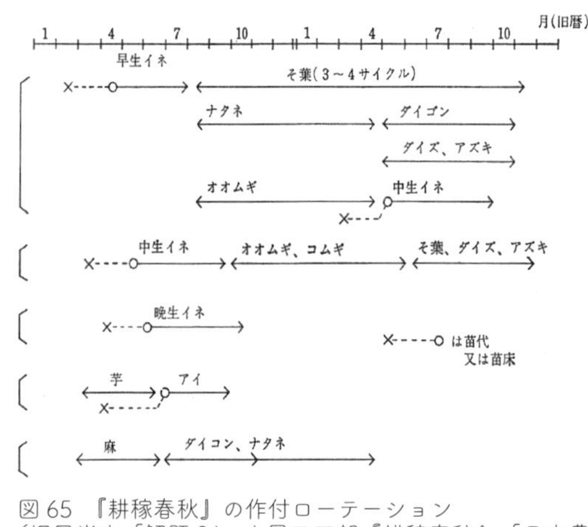

図65 『耕稼春秋』の作付ローテーション
（堀尾尚志「解題2」，土屋又三郎『耕稼春秋』，「日本農書全集」第4巻，農山漁村文化協会，1980）

種まきカレンダー

ルードルフ・シュタイナーが提唱したバイオダイナミック農法では，毎年種まきカレンダーが発行されます．太陽や月，星の運行などと連動した，とても興味深いものです．シュタイナーは教育者として著名ですが，有機農業の源流を作り出した人物としても注目されています．関心がある人は，藤原辰史著『ナチス・ドイツの有機農業』を参照してください．シュタイナーのバイオ・ダイナミック農法には，宇宙の霊力などが登場し，現代科学に慣らされた私たちの感覚では，なかなか理解できないところがあります．私自身も，シュタイナーの本を何冊か読みましたが，理論的にはほとんど理解できません．しかし，理解するよりも，感じ取ることが大切なのだと感じます．感性を磨くことは，シュタイナー教育でも重要視されていますが，農業に携わるすべての人にとって，決して欠かすことのできない重要な要素であると思います．

シュタイナーは『ゲーテの世界観』という書物を著していることからもわかるように，ゲーテを研究し，彼を「有機体学の創始者」とよんでいます．有機体というのはドイツ語でOrganismusといい，そこにはLeben（生命）とBildung（形成）がみられます．ゲーテの有機体思想はヘーゲルの思想を受け継いでいますので，有機農業の源流は，ヘーゲルにまで遡れるように思いますが，いまのところ，私にはそれを論じる力がありません．もう少し勉強を続けて，皆さんが卒業できるまでには，何とか説明できるようになりたいと思っています．

田畑輪換

日本では田圃で水稲を栽培したあと畑にしたり，その逆が行われたりしてきました．北海道や東北の場合，稲作が行われるようになったのは明治以降のことです．いずれにせよ，水田農業が中心となった日本における作付体系に関しては，輪作という概念よりは，表作（夏作）と裏作（冬作）という感じに近かったのではないかと思います．田圃を畑に換えたり，畑を田圃に換えたりすると，水田雑草や畑雑草を退治することができる利点があるほかに，連作に比べ，土壌の物理性や化学性が改善されます．手間がかかることは確かですが，連作障害による土壌の劣化，多犯性病害虫の蔓延を防止する効果が期待できます．

日本では，田植え機による稚苗移植が普及すると，兼業農家による

表10　ムギ，ダイズ等を組み合わせた水田作付体系の基本ターン

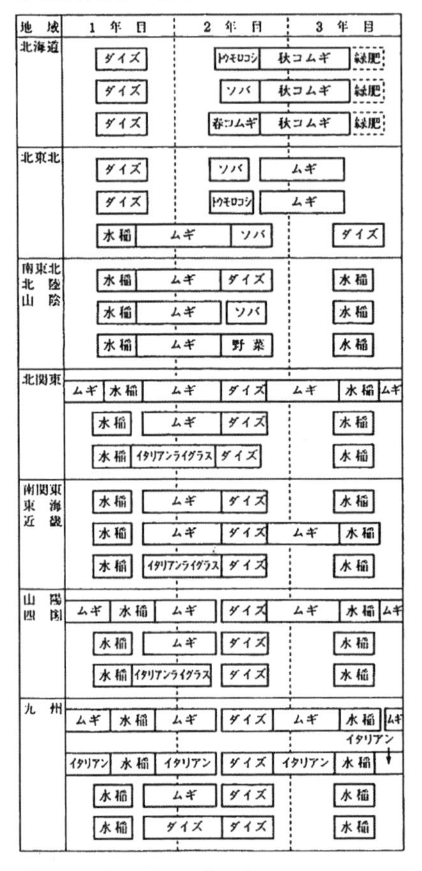

(『新編農学大事典』養賢堂，2004，1014頁)

田植え時期の前倒しが起こり，従来の作付体系から，ムギが追い出されることになりました．表10に示されている全国各地の作付パターンでは，ほぼすべてにおいてムギ作が組み込まれていたことがわかりますが，近年，ムギが作られなくなったことにより，麦わらを使った堆肥が作られなくなり，さまざまな問題が生じています．たとえば，生わらや堆肥化した麦わらは，土壌改良効果が高く，土壌の膨軟化，排水性及び保水性の向上に寄与しますし，堆肥化した麦わらなどの土壌への投入は，土壌の物理性，化学性，生物性を改善する効果がありますので，ムギ作の減少は，堆肥を作る資材の不足を招き，化学肥料や農薬の多投入に結びつき，その結果，土壌が老朽化し，作柄が不安定になったという指摘がなされています．日本における伝統的・典型的な輪作体系は，ムギ→マメ科→根菜のローテーションで，マメ科や根菜の跡地に残っている肥料分をムギが吸い上げて土壌養分のバランスを矯正するとともに，大量に発生するわらが堆肥や土壌改良材として利用されていました．同時に，マメ科は窒素固定によって肥料分を跡地に残し，根菜が根を深く張ることによって深耕に似た効果が期待できたわけです．ムギはマメ科や根菜類と共

通の病害虫が少ないため，このような輪作体系は，地力維持，土壌養分調整，土壌病害虫の発生抑制にも役立っていました．

地域に適合した輪作体系の再構築が，検討されなければならないわけですが，とても夢のある研究課題だと思いませんか．

ホームガーデン

図66の写真は，台湾の南部にあるアジア蔬菜研究開発センター（Asian Vegetable Research and Development Center）で研究されているホームガーデンの事例です．周りにネコブセンチュウ駆除のためにマリーゴールドが植えられており，ラッカセイ，ニンジン，レタスなどが混作されています．

作物にも相性が合って，お互いの生育に促進的に働くような組み合わせになる場合をコンパニオンプランツ（companion plants），お互いに足を引っ張り合うような組み合わせをアンタゴニスト（antagonists）と呼んでいます．たとえば，コンパニオンプランツの例としては，ゴボウとホウレンソウ，レタスとニンジン，キャベツとインゲン，エンドウとカブ，アンタゴニストの例としては，ニンニク・ネギ類とマメ，ホウレンソウの後のキュウリ・トマト，ジャガイモの後のエンドウ，ショウガとサトイモ，トウモロコシの後のサツマイモ，トマトとハクサイ，カボチャとジャガイモなどが知られています．植物にも相性の良し悪しがあるのは，あたり前といえばあたり前ですが，あまり研究は進んでいません．

図66　AVRDC（台湾にあるアジア蔬菜研究発展センター）に展示されたキチンガーデンのモデル（著者撮影）

マリーゴールドに，線虫（ネマトーダ）を駆除する働きがあることにふれましたが，害虫を駆除する働きをもつ作物のことをリペラントプランツ（駆虫植物）とよんでいます．また，逆に，キャベツ畑に植えられたレタスのように，害虫を惹きつける作用をする作物があり，トラッププランツ（おとり植物）とよんだりします．おとり植物を植えておけば，他の作物の被害は甚大にならずにすむわけです．また，バンカープランツといって，天敵が集まるような植物を混植することが，農業生態系における多様性を保持するために有効であることがわかっています．IPM の講義でもふれましたが，バンカーというのは銀行家のことで，一旦，家でないところに預金するという意味で使われ始めた用語なのだそうです．

ムクナやヘアリーベッチなどのアレロパシー植物の利用も期待されています．

アジア蔬菜開発研究センターではスクールガーデンの研究も行われています．子どもたちが，自分たちの給食のために野菜を育てているのですが，それがそのまま理科の勉強になるというすばらしいプログラムです．子どもの感性で，作物の組み合わせなどを研究してもらうのは，大変有意義なことではないでしょうか．

アグロフォレストリー

ここで，最近注目されているアグロフォレストリー（agroforestry）という概念について説明しておきたいと思います．定義はいろいろとあるのですが,「林業・農業・畜産業・水産業など異なる産業を同一の土地で組み合わせることによって土地の高度利用を図り，単位面積あたりの総生産量を増加させる土地利用形態」とか「生態学的に基礎づけられたダイナミックな自然資源管理システム」などと説明されています．以下に，有名ないくつかの具体例を説明していきたいと思います．

○ミャンマーのタウンヤ法（Taungya Method）

19世紀中葉からチーク植栽と同時に陸稲が栽培された．チークが生長するまでの初期段階で，トウモロコシ，陸稲，豆類やキャッサバなどを随伴畑作物として栽培する．

○インドネシアのトゥンパンサリ（Tumpangsari）

森林産業公社によって開発され，タウンヤ法と同様，木本との間作が行われる．

○タイのKing's New Theory（自給自足型複合農法）

King's New Theoryは，農業に精通するプミポン国王が提唱する土地利用形態である．

30％：家族が1年間生活できる規模の稲作，水田にはアゾラ（窒素固定をする水草）や養魚

30％：果樹および永年作物，4～5年は空間に野菜栽培

30％：貯水池・用水路，乾雨期が明瞭なタイでは潅漑設備の徹底が必要である．水の確保が農業発展の基盤となる．

10％：住居・畜舎・作業小屋，家庭菜園

○インドネシアのホームガーデン

プカラガン（Pekarangan）はオランダの植民地時代，サトウキビ栽培が強制されたために土地の制約が厳しくなり，森林依存の生活ができなくなったことから，住居周辺に疑似森林を作り出したことに由来するといわれている．多様な植物層からなり，熱帯林のミニチュアといわれる．ある部落では250種もの植物が確認されるという．その中で家畜・家禽・養魚等が行われる．

○ベトナムのVACシステム

ベトナムでは，厚生省の国立栄養研究所の所長であったTu Giay博士の提唱に基づき，資源循環型農業であるVACシステムを発展させ，農村開発に大きな力を注いできた．VACとは，ベトナム語のVuon（庭），Ao（養魚池），Chuong（畜舎）の頭文字を組み合わせた造語であり，作物栽培と養魚・畜産を複合的・内部循環的に組み合わせて経営するベトナムの伝統的な農業形態を発展的に再構築したシステムである．英語では，Vegetable，Aquaculture，Cageをあてる．

これらの中から，私が実際に見たり聞いたりしたことのある作付体系について，解説してみたいと思います．インドネシア領パプアの例ですが，東南アジア全域で見られるホームガーデンが見られました．サブシスタンス・ガーデンとか，キチン・ガーデンともいいますが，自宅の庭に，様々な作物を組み合わせて自給自足のために栽培します．もちろん，果樹や薬用植物など，換金価値の高い作物が栽培されている場合もあります．整然ときれいに植栽された庭もあれば，雑然と植えられている庭もあり，とても個性的です．

農家五軒の調査をしたのですが，農家1の場合は24作物，農家2の場合は10作物，農家3の場合は9作物，農家4の場合は8作物，農家5の場合は15作物が観察されました．農家1は多様な作物を作っていますが，大変雑然と植えられていました．農家2は整然と植えられていますが，作物の種類は限られています．市場向けに作物を選択しているケースもありますし，市場を介さない交換関係がなりたっているというケースもあります．

VAC システム

ベトナムでは，「農産物請負制度」（1981 年）によって経営主体が合作社から農家個人に移行し，ドイモイ政策（1986 年）によって市場経済が導入されました．さらに「農地使用法」（1993 年）によって単年性作物では 15 年，永年性作物では 30 年の土地使用権が認められるようになったこともあり，農家はそれぞれ与えられた小規模な耕作地に VAC システムを構築しました．基本的には，排水が悪く耕作に不適な土地に養魚池を設け，自給作物としてイネやイモを栽培し，現金収入のために畜産および果樹栽培を行いますが，必ずしも VAC の三拍子が揃うわけではなく，VA（畜産を欠く）や VC（養魚池を欠く）などのパターンも見られます．これらは水牛や豚を購入する資金が準備できないために仕方なくそうならざるをえない場合が多いのですが，一方では果樹栽培や畜産に特化し，現金収入を増やそうとする試みも一部の先進的農家で行われています．つまり，ベトナム農民が VAC システムを採用するのは，このシステムが資源循環型であり，環境保全的であるという理由によるよりは，むしろ土地面積や資本，労働力が不足しているという制限要因による消極的な帰結であるという面が少なからず存在するようです．

社会主義といっても，教育費や医療費が必要ですから，どうしても現金収入を得なければなりません．また，より現代的な生活を営むためにも，換金性の高い果樹栽培や畜産に特化することが有利であることは当然なのですが，私の考えでは，ベトナムのような社会主義国においては，市場原理に従って国内的・国際的な分業を図るにも増して，内部循環機能をもつ一つひとつの農家の平均的経済力を高めることが，社会の底力を高めるために必要であるように思います．

さて，VAC 農業がなぜ内部循環農業といわれるのかについて，説明

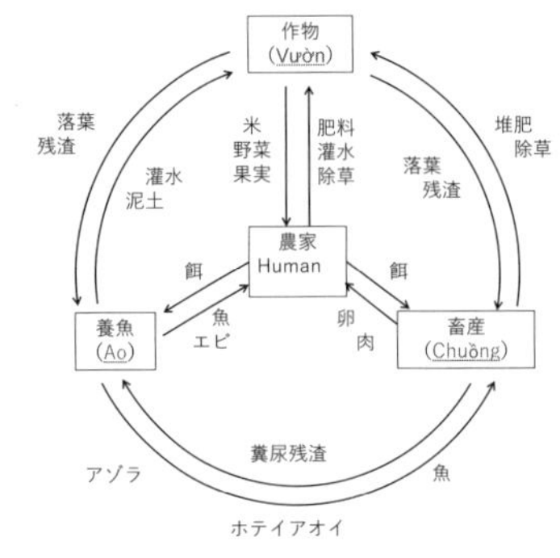

図 67　ベトナムにおける
内部循環型 VAC 農業模式図

したいと思います．図 67 の真ん中が経営者で，V（庭）や A（池）や C（家畜）から野菜や果実，魚や卵，肉などが得られますが，その見返りに経営者はそれぞれに必要な世話を行います．相互の作用に注目してみますと，V（庭）から A（池）には土壌や落ち葉，植物残渣などが流れ込み，逆に A（池）から V（庭）には水や泥が供給されます．A（池）から C（家畜）にはアゾラやホテイアオイなどの水草が餌として供給され，逆に C（家畜）から A（池）には糞尿が魚の餌として供給されます．C（家畜）から V（庭）には糞尿が堆肥として供給され，逆に V（庭）から C（家畜）には葉や子実などが飼料として供給されます．

VAC システムでは，家畜の糞尿から出るメタンガスを使って調理などを行う農家も見られます．

私が紅河デルタのいくつかの農家で調査をしたところ，果樹は農家にとって畜産に次いで大きな現金収入源となっており，アンケートの結果からもほとんどすべての農家が果樹栽培に力を入れていることがわかりました．カキ，カンキツ，ライチ，ロンガン，バンレイシなどを中心に十数種類の果樹が栽培されており，とくに新品種の導入については努力をしている様子がうかがわれました．栽培されている果樹の種類については農家ごとにそれほど大きなばらつきは認められませんでしたが，栽培技術についてはかなりまちまちでした．

たとえば，栽植密度に注目してみると，果樹の受光態勢を考慮し，十分な間隔をとって栽植している農家がある一方，様々な樹種をすきまなく植え付けている農家も多くありました．前者の農家では，立体的に空間を利用しているのに対し，後者の農家では，果樹が永年性作物であるという視点が確立しておらず，剪定や整枝，摘花や摘果も行われていませんでした．とくに栽植密度が狭すぎる農家では，最初の数年間になった果実だけを収穫してすぐ次の栽培に移り，回転数を早くして収量を確保する方策が採られており，野菜と同じような感覚で果樹栽培が行われているようでした．

果樹の新品種の導入は，苗を買ってきて植栽することで行われていましたが，母樹をしっかりと育てた上で，芽接ぎや枝接ぎによって行うほうが効率がよいはずです．また，しっかりとした母樹を育成することにより，庇蔭による土壌保全効果をはじめ，多層構造の維持による栽培環境の多様化，安定化をもたらす効果も期待できるように思います．まだまだ改善の余地がありそうです．

ベトナムのハイブリッドライス

ここで，ベトナムで盛んに栽培されているハイブリッドライスについて解説しておきたいと思います．ベトナム農業は，中国系ハイブリッドライスを積極的に導入し，資源循環型の農業の内部に高額の種子を毎回外部から購入しなければならないという相矛盾した農業形態が混在するようになってきています．在来種を一掃し，高収量品種に切り替えることが国家プロジェクトとしても取り上げられており，ハイブリッドライスの奨励はその先兵の役割を演じているといってもよいほどです．

ハイブリッドライス栽培のメリットとしては，収量が多い，生育期間が短い，肥料反応性が高いことなどがあげられますが，高額の種子を毎回購入しなければならない，経営の自立性が保証されない，在地の病虫害抵抗性に劣る，農薬・化学肥料を多投入しなければならない，土壌劣化を招来しやすい，品質（特に味）に劣る，販売価格が安い，雄性不稔系統・稔性回復系統を用いた採種技術が煩雑であるなどのデメリットが避けられません．これに対して在来種や改良種栽培のメリットとしては味・香りが優れている，均質である，販売価格が高い，肥料要求量が少ない，自家採種が可能である，在地病虫害抵抗性が高いことなどがあげられ，逆にデメリットとしては，収量が少ない，倒伏しやすい，生育期間が長いことなどがあげられます．

私が行った調査結果では，ハイブリッドライスの作付面積が増大しているのは，国家によってハイブリッドライスの作付が推奨されていることに加え，ハイブリッドライスの方が現金収入として勝っているという理由によっていることが明らかになりました．しかし，長期的な展望に立てば，ハイブリッドライス栽培は環境に対する負荷が大きく，さらに種苗会社に生殺与奪の鍵を握らせてしまうことにもなるため，農民は大きなリスクを負うことになってしまいます．VAC システムは，ベトナムのような社会主義国でこそその利点をある程度発揮できると考えられますが，種苗法や特許法などと密接に結びついたハイブリッド種子の流通は，市場原理の徹底化を推進することになり，VAC システムの長所を生かすのが難しくなってしまうはずです．さらに現在，最も深刻な問題となっているのは，ハイブリッドライスの導入によって，ベトナムの貴重な在来種が消滅しつつあるという恐ろしい事実です．ベトナムにおけるイネの遺伝資源探索とその保存・維持は，世界のイネ育種事業にとっても重要な要請であり，ハイブリッドライス導入に伴うジェネティック・エロージョンはなんとしても防がなければならない緊急の課題といわなければなりません．

イネはもともと自殖性の植物ですので，ヘテロシス（雑種強勢）が発現しにくいという特徴があり，食用に供する籾（玄米）部分が F2 であることから，宿命的に品質のばらつきが克服できず，一粒一粒の米の味が均質でないことから食味が格段に劣るという欠点があります．また，中国産のハイブリッドライスがベトナムの白葉枯れ病に弱いのも，大きな課題といえます．

図68は，左側が従来型品種で，右側がハイブリッドライスとなっていますが，従来型品種はハイブリッドライスに比べ草丈は高く，分けつが少なく，一穂粒数がきわめて多くなっていました．予備的な調査では，ハイブリッドライスは一穂粒数が120−130程であるのに対し，従来型品種では一穂粒数が270−300粒にも達しており，登熟歩合を高めることができれば，ハイブリッドライスに近い収量を上げることも可能と思われます．半矮性品種を育成して肥料反応性や耐倒伏性を向上させると同時に，穂数型品種を育成して登熟歩合を高めることが肝要だと思います．

図68　ベトナムの稲作
（左が従来型品種，右がハイブリッドライス
ハノイ農業大学圃場にて［著者撮影］）

休耕規定のもっている意義

最後に，ミレーの『落ち穂拾い』（1853）を紹介したいと思います．この絵はよく知られている水平の構図ではなく，縦長の構図になっており，山梨美術館にあるものです．大収穫を喜んでいる地主と，一方で落ち穂を拾っている寡婦たちが描かれており，ミレーが農業の生み出した貧富の差あるいは支配構造に対する社会批判として，この絵を描いたのではないかという説もあったようです．確かに，当時のフランスにそのような厳しい格差があった一方で，女性たちが落ち穂を拾

図69　落ち穂拾い，夏
ミレー，1853

うことができるという寛容さがバルビゾン地方に残っていたことも事実であり，ミレーは古代イスラエルの落ち穂拾いの慣習が，今に至るまで伝えられていることに感動して，この絵を描いたのだと考えられています．

イスラエルにはそれが自分の畑であっても，一度収穫したら刈り残した落ち穂は決して拾ってはいけないという規定がありました（たとえばレビ記25章）．刈り残したものは孤児ややもめ，そして鳥たちが食べるように残しておかなければならない．自分の所有物ではあるけれども，自分のためだけに使い尽くしてはいけない，そういう思想がありました．

また1週間のうち6日間は働いていいけれども7日めは休まなくてはいけないという安息日規定もありました．時間も自分のためだけに使い尽くしてはいけない，1週間のうちの1日は神を礼拝するために使わなくてはいけないわけです．そして土地も6年耕したら7年めは休ませなくてはいけないという休耕規定がありました．土地がもっている生産力を人が収奪し尽くしてはいけないということが教えられているわけです．私たちは裸で生まれ，裸で去って行く存在ですから，その生涯の間に何ものかを所有するとしても，それは本来的に，私が独占・占有すべき物ではなく，隣人たちとシェアするために，あるいは次の世代によりよい世界を残すために，一時的に私が預かっていると考えるべきです．財産やお金や名誉はもちろん，時間や知識も，みんなのために使うからこそ，それを獲得する価値が生じるのだと思います．

たとえば，私が自分のお金で買った傘だとしても隣の人が濡れていたら，一緒にささなくてはいけないのが，私たちの本来の姿だと思うのですが，今は自分のものは自分のものという時代になっています．こういう精神が，格差社会を生み出し，大量生産・大量消費文明，環境汚染や資源の枯渇を招来したといえるのではないかと思われてなりません.

休むということは，人間にとっても，土地にとっても，欠かすことのできない大切な作業です．休み休み農業をしながら，そんなことをみんなで考えることができたら，どんなに素晴らしいことかと思います．みなさんも，大学生時代，休みを取りながら，さまざまな活動に取り組んでいただきたいと願っています.

第11講　誰が植物工場を必要としているのか

なぜ植物工場なのか

みなさんは，「植物工場」という言葉からどんなことを連想するでしょうか．ハイテク技術を駆使した最先端農業というようなイメージでしょうか．農林水産省のホームページをみると，「次世代農業」「IT農業」「スマート農業」「六次産業化」「農商工連携」などの言葉に出くわしますが，植物工場は，その目玉政策として位置付けられています．農水省は「攻めの農業の旗艦」として，植物工場事業を含む次世代施設園芸の全国展開に力を入れているのです．

経済産業省などのデータによると，2009年3月に50カ所だった植物工場は2011年3月には80カ所，2012年3月には127カ所，2013年3月には153カ所，2018年には197カ所に増加していることがわかります．その契機となったのが，2008年9月に麻生内閣で閣議決定された「新経済成長戦略のフォローアップと改訂」でした．農水省と経産省により大型予算が組まれ，植物工場の普及・拡大が図られるようになったのです．それ以来，植物工場政策に，一貫して多額の予算がつけられるようになりました．実は，経産省（もと通産省）はずっと以前から植物工場に目をつけていたのですが，農水省は植物工場に反対でした．それがタッグを組むようになったのは，両省の大臣であった二階俊博と石破茂の個人的な利害が合致したからであろうと私は推察しています．このことは，後で述べることにします．

私が植物工場について調べてみようと思い立ったのは，2011年の東日本大震災以降，東北の被災地に次々と大規模な植物工場がつくられ，しかも原発メーカーである日立，ＧＥ，東芝などが積極的に植物工場事業に参入していることを不思議に思ったからでした．直感的にこれは胡散臭いと感じたのです．たとえば，日立はドーム型植物工場「グランパドーム」を展開するアグリビジネスベンチャーのグランパに1億円を出資し，日本GEは株式会社みらいとともに「みやぎ復興パーク」内に新設する人工光型植物工場で実験を開始しました．東芝は福島復興ソーラー株式会社に1億円を出資して，福島県南相馬市のソーラー・アグリパーク事業に含まれる植物工場に電力を供給し始めました．しかもそれは福島第一原発事故の直後といってよい時期のことだったのです．

当時私は，植物工場に投資しているひまがあったら，壊れた原子炉をどうにかして欲しいと思っていました．これらの原発メーカーは原子力損害賠償法によりPL法（製造物責任法）が適用されず，原子炉事故に関して免責されていましたので，事故の責任は東電が一手に引き受けることになったわけですが，しかし，原子炉のことがわかっているのは，何といっても日立や日本GEや東芝などのメーカーですから，道義的な責任があります．私たちの支払う電気料金が尻拭いに使われることにも疑問を感じますが，それ以上に，原子炉メーカーである日立，日本GE，東芝が，悪びれることもなく植物工場に投資して，「復興」や「農業体験」や「子ども支援」や「障がい者雇用」を語ることについて，私は嫌悪感を覚えざるをえませんでした．その後，調べてみると，植物工場と原発とは切っても切れない関係にあることがわかり，愕然としたのです．本講では，あまり知られていない，そのあたりの仕組みについても，お話ししようと思います．

ショックドクトリンとしての植物工場

1986年のチェルノブイリ原発事故以降，日本では原発のイメージチェンジが図られるようになりました．電力中央研究所では「拝金主義を助長するようなイメージを払拭し，『発電所は福の神，文化を持ってくる』というようなイメージに転換すること」の重要性が指摘され，そのために高齢者の雇用が企図されたのです．日本の電力産業が植物工場建設を構想したのは，原発のイメージアップのためであり，そのために考えられたのが福祉型野菜工場の設置といえるのです．

電力中央研究所の野菜工場は青森県六ヶ所村に設置されていたのですが，「電力の負荷平準化と地域農業の振興に寄与するため，夜間電力を利用した空調により無農薬かつ高能率な野菜生産を行う野菜工場の実用化研究に着手し」たと書かれています．つまり，今でこそ，被災地における創造的復興の一環として植物工場が取り上げられているのですが，電力産業の側では，従来，原発で作られる夜間電力の消費を目的として，植物工場の検討が行われていたということがわかります．御存じと思いますが，原発では出力調整が難しく（チェルノブイリ事故は，出力調整を試みたことに起因しているといわれています），夜間に発電される電気が余ってしまいます．したがって，原発では昼夜を問わず電気が作り続けられることになり，夜間の電気を消費するために，わざわざダムの水を持ち上げる揚水発電が行われたりしています．すでにみなさまもお気づきかと思いますが，電力事業者にとって，植物工場は，原発で余ってしまう夜間電力を消費させるのにうってつけだったのです．

そんなときに，東日本大震災が起こり，原子炉メーカーにとっていわば千載一遇のチャンスが訪れました．原子炉メーカーによる植物工場支援事業は，まさにナオミ・クラインのいうショック・ドクトリン（惨事便乗型資本主義）を地で行っているようなものではないでしょうか．

植物工場政策の予算措置

植物工場関連の予算が最初に組まれたのは2009年度補正予算で，農水省97億円（植物工場普及拡大支援事業34億円，植物工場支援リース事業26億円，モデルハウス型植物工場実証展示・研修事業37億円），経産省50.2億円（先進的植物工場施設整備費補助金47.2億円，先端的植物工場推進事業費補助金3億円）と大変巨額なものでした．その後，民主党政権に変わってからも，強い農業が必要であるとの認識のもと，経産省で2011年度補正予算15億円（先端農商工連携実用化研究事業補助金），2012年度5億円（先端農業産業化システム実証事業）が組まれ，再び自民党政権に戻ってからは2013年度22.9億円（先端農業産業化システム実証事業16.1億円，農業成長産業化実証事業6.8億円）が確保されました．そして，2014年度の予算請求額は，農水省が30億円（次世代施設園芸導入加速化支援事業），経産省が33億円（中小企業・小規模事業者連携促進支援事業23億円，グローバル農商工連携推進事業10億円）となっていました．つまり，植物工場事業の推進は，政権交代や東日本大震災という歴史的大事件があったにも拘らず，政権担当者の強い意志として取り組まれてきたことがわかります．

しかし，一方で，植物工場の大多数が赤字になっているという驚くべき事実が存在します．2014年のデータでは，ＮＰＯ法人イノプレックスのレポートによると，植物工場を運営する法人の6割が赤字（収支均衡が3割）となっており，（株）総合プランニングの調査でも植物工場に参入している企業の70％が赤字であり，黒字化を達成している企業は16％にすぎないとのことでした（14％は収支均衡）．また，野村アグリプランニング＆アドバイザリー株式会社も，「植物工場は“キャッシュベース（EBITDA）”で7年回収できればグッドシナリオではないだろうか」と述べていました．とくに完全閉鎖・人工光の植物工場を大規模に運営している企業に関しては黒字化を達成している企業はゼロに近く（ＮＰＯ法人イノプレックスによる『植物工場ビジネス』調査研究レポート），植物工場ビジネスでは，作られた野菜を売って利潤を生み出すという本来の目的とは別に，国家レベルでの強い駆動力が作用していることがわかります．

この駆動力は，現在も健在で，たとえば，『新時代に向けた植物工場ビジネス——人工光型植物工場を中心とした 採算・収益性の UP，有用植物の栽培，AI/IoT の活用——』（情報機構，2020）という 249 ページの本が 56,000 円（税別）という値段で売られていますし，矢野経済研究所が出している『2020 年版植物工場の市場実態と将来展望』という 287 ページのレポートに至っては，209,000 円（税別）で売られています．一般の市民の金銭感覚とは桁違いなのですが，植物工場事業に参入しようとする人たちは，このような高額な資料を喜んで買っているということでしょう．いまだに「採算・収益性の UP」などと謳われているところをみると，ほとんどの植物工場では，採算がとれていないということが想像できます．

さて，調べ始めてすぐに，植物工場が原発や電力産業と密接にかかわっていることはわかったのですが，赤字になるのに，なぜ次々と植物工場が作られるのかについて，その仕組みはなかなか理解できませんでした．みなさんはそのからくりがわかるでしょうか．

政治家の植物工場視察

もともと電力産業が，原発のイメージ向上のためにもくろんでいた植物工場事業ですが，どのようにして東日本大震災前後に政策化されるようになったのか，推測を交えて述べてみたいと思います．植物工場に関心を示した政治家の嚆矢として，小泉純一郎（当時首相）と竹中平蔵（当時財務大臣）を挙げておきます．彼らは大手町の地下に設置された人材派遣会社パソナの植物工場を見学し，人材派遣の規制緩和をアッピールするための稲刈りパフォーマンスを行いました．

しかし，本気で植物工場事業を予算化したのは，何といっても先述した2008年の麻生内閣でした．2009年1月21日に，二階俊博経産大臣と石破茂農水大臣が経産省ロビーに設置された植物工場でイチゴを試食するパフォーマンスを行ったのですが，今になってみれば，二階は植物工場事業に参入している西松建設から違法献金を受けており，石破は東電株を4813保有していたほか長女は東電社員であり，しかも義父は同じ森コンツェルン昭和電工の元取締役という，どうしても電気を使いたい人たちだったことがわかります．

不思議なのは，なぜこのような無駄金を使う植物工場が，東日本大震災直後の民主党政権時代に仕分けられなかったのかということです．私は詳しい事情を調べ切れていないのですが，民主党政権時代に農水省の予算がつけられていなかったのは，もしかしたら手放しで植物工場を推進することに対する躊躇があったということなのかもしれません．しかし，経産省に関しては，枝野幸男（当時経産大臣）や岡田克也（当時内閣特命担当大臣）が植物工場を視察しており，TPP参加の口実作りとして，強い農業のイメージ作りを熱心に行っていたことは間違いありません．

自民党政権に戻ってからは，2013年になって，三人の大臣が矢継ぎ早にオランダの園芸施設を視察するなど，極めて熱心に植物工場事業を展開しました．しかし，折角オランダに行ったのならば，オランダにおける農作物の施設栽培は，政府の補助金を受けずにやってきているという事実をしっかりと見て欲しかったと思います．

植物工場とは何か

ところで，これまで植物工場とは何かということを定義せずに話を進めてきましたが，ここで植物工場の定義と特徴について整理をしておきましょう．

植物工場に関する日本で最初の書籍は，高辻正基による『植物工場』（ブルーバックス，1979）で，冒頭に次のような記述があります．「太陽と土のない農業なんてあるだろうか．この疑問に対して，ある，と答えるのが植物工場である．植物工場というのは，植物を工業製品のように工場生産するシステムのことである．環境の人為的なコントロールによって生長を早め，コンピューターによって連続自動栽培をおこなう」．高辻は「最終的には太陽のかわりにランプを，土のかわりに水耕液を，篤農家のかわりにコンピューターを使う」とし，世界の植物工場を「太陽光利用型」と「完全制御型」とに分類しました．現在，日本における植物工場のとらえ方は，ほぼこれを踏襲しているといえるでしょう．

しかし，このような定義や分類法は，当初から定着していたわけではありませんでした．たとえば科学技術庁資源調査会編の『植物工場の展望と課題』（1987）では，書名こそ「植物工場」と銘打っていますが，本文はほぼ「高度環境制御システムによる植物生産」で統一されています．また，高倉直は（社）日本施設園芸協会編の『植物工場のすべて』（1986）において，「私としてはどのような施設をさして植物工場といったら良いのか，まだ正確には解っていない」と述べています．板木利隆も同書において「植物工場の定義が必ずしもまだ定まっていない」としながら，工場的植物生産方式を二つに分け，一方を自然光利用高度制御型の養液栽培温室，他方を人工光利用完全制御型の植物工場に分類しました．私の考えも板木とほぼ同様で，いわゆる太陽光利用型植物工場といわれているものは，水耕栽培温室と称する方が誤解を避けることができるのではないかと思っています．

植物工場に関しては，九州とほぼ同面積で世界第二位の農産物輸出国であるオランダが何かと引き合いに出されます．たとえば，先ほどもふれましたが，2013年だけでも，林農水大臣，根本復興大臣，甘利経済再生担当大臣などが，次々とオランダの施設園芸を視察しました．林農水大臣は「オランダを参考に，地域資源によるエネルギー供給から生産，調整・出荷までを一気通貫して行う次世代施設園芸拠点を推進し，コスト削減と地域雇用創出を行いながら所得倍増を実現させる」という目標を掲げ，前述したように2014年度の農水省予算に次世代施設園芸導入加速化支援事業として30億円を確保しました．しかし，オランダで主流の太陽光利用型施設はあくまでも温室であって，現地では植物工場とはよばれておりません．オランダの研究者たちは，私の知る限り，植物工場には否定的です．たとえばワーヘニンゲン大学のエペ・ヒューベリンクは，閉鎖型ガラス温室の場合トマト1kgを生産するのに要する天然ガスは0.36m^{3}であるのに対し，人工光型植物工場の場合は3.5m^{3}となり，エネルギーロスが10倍にもなることを指摘しています．実は，日本では十把一絡げに植物工場と称されているものの，太陽光利用型の施設と人工光利用型の施設とでは，特徴はもちろん，出自も全く異なっており，別個に考えるべきなのです．以下に，まず，太陽光利用型施設における水耕栽培温室について略述し，次に人工光型植物工場について概観してみましょう．

清浄野菜の水耕栽培と消毒思想

水耕栽培の歴史は古く，バビロンの空中庭園にまで遡ることができるといわれています．庄司浅水著『世界の七不思議』（世界教養文庫，1969）から引用してみます．

「ネブカドネザルがバビロンの王になったとき，北方のメディアの王キヤクサレスの王女アミティスを妃に迎えた．メディアは山国で果実と花に富んでいたが，そこに育った王妃は，平坦で雨の降らないバビロンが退くつで，いつも生まれ故郷の緑の丘の美しさをなつかしがっていた．そこで，王は王妃を幸福にするため，メディアにあるどんな庭園よりも，美しいりっぱなものをバビロンにつくろうと決心した．王は最も腕のある建築家・技術者・工匠をあつめ，計画を説明した．王宮の広場の中央に，たて・よこ各400メートル，高さ15メートルの土台を築き，その上に段状の建造物を建てる．一番上の面積は60平方メートルぐらいしかないが，高さは105メートル——30階建てのビルとおなじ高さ——もあった．段ができあがると，その上に何千トンという肥えた土壌をはこび，広いバルコニーにそって深い花壇をつくり，花やつる草や果実のなる木をたくさん植えることにしていたので，ピラミッド型の庭園は，あたかもきれいな緑の敷物をかけたように見えるはずだった．ところで，このほとんど雨の降らない，乾燥した地方で，こんな大きな庭園に水を供給するのは大問題だった．王は庭園の一ばん上に大きなタンクをつくり，ユーフラテス川の水をポンプで汲み上げ，その水はパイプを通じて段から段へつたわり，絶えず花壇に適当なしめり気をあたえ，また，ときどき散水器で人工の雨を降らせるようにした．庭園の低い部分の内部には，つねに涼しい状態に保たれたかずかずの部屋が設けられ，これには窓に張り出された植物をとおして，したたり落ちる水の幕によって，盛夏のころでも涼しくなる工夫がなされた．また部屋の上の庭から，水の滲出を防ぐため，部屋の上に葦と瀝青を敷き，さらに，その上に厚い鉛の板をおくことにした」．

バビロンの空中庭園については，プリニウスの『博物誌』にも記録が残っていますので，確かに実在していたことがわかります．しかし紀元前538年のペルシャによる侵略により破壊されてしまいました.

研究レベルではドイツの植物生理学者ザックスが1857年にプラーグ大学の講師になった頃から水耕法の研究を始めています.実用的な水耕栽培の嚆矢は第二次世界大戦時の米軍によるものです.米軍はアセンション島,英領ギアナのアトキンソン空軍基地,英領ニューギニア及び硫黄島で,現地で手に入る火山軽石を培地に用いて水耕栽培を行ったのですが,それは耕作可能な土地が極めて制限されていたからでした.

図70 『世界一の水耕農場』(〔郷土史 大澤6〕榛沢茂量,自家出版,2011

それに対して,GHQが日本の調布および大津で始めた水耕栽培には別の理由がありました(図70は,調布の水耕農場の空中写真です).農林省特産課の加藤要が書いている「清浄野菜の現状とその見通し」(1953)から引用してみましょう.

「当時連合国軍は,食糧を自国から調達する方針をとり,野菜も本国から冷蔵船で取り寄せると共に,一部は東京都の調布と,滋賀県大津に水耕農場(ハイドロポニック・ファーム)を設けて,そこで野菜の自給を図った.これは一つには,わが国の野菜が人糞尿を肥料とするので,不潔で,寄生虫の心配があるからで,その後,進駐軍の家族やホテル向けなどとして,いわゆるPX(進駐軍酒保)やOSS(外人専門店)に納入されるようになり,また神戸や横浜などに寄港する外国船に供給するため,所謂(いわゆる)「洋菜類」の清浄栽培が始められるようになった.さらに,これは一昨26年の暮れに講和を目前に控えた連合国軍では,これまでの方針を改めて，軍で使う生鮮食料を現地で，その経済に影響を与えない範囲で調達していいということになり，漸く，この問題が経済性を持つようになったのである」．

清浄野菜の栽培は，1927（昭和2）年「京都帝大農学部において堆肥・油かす類のみを用いてレタス，セルリーを栽培し『大学サラダ』と銘打って都ホテルに外人客用として供給されたのを嚆矢」とし，1940年に予定されていた東京オリンピックに向けて「軌道に乗りつつあったのが，支那事変の進展と共にオリンピックも辞退することになり，戦争の長期化に伴う物資の欠乏は化学肥料の生産も減退せしめ，折角盛り上がりつつあった清浄野菜の運動も中止の已むなきに至った」といわれています（原田昇，1965）．1956年の『新潮』に掲載された薄井清の「清浄野菜」という小説には，ボルドー液をまきながらレタスを栽培する農民の様子が描かれていますが，農薬をふんだんに利用した清浄野菜の栽培は，進駐軍によるＤＤＴ散布の強烈な印象と相まって，日本における消毒思想を形成していきました．植物工場で栽培される野菜がいまだに「清浄野菜」と称されることがあるのは，このような事情が背景にあるものと考えられます．

カタジーナ・チフィエルトカ（2012）によれば，調布と大津の水耕農場は，1949年には16名の将校，63名の下士官に加え，1,115名の日本人作業員によって運営されていたということです．朝鮮戦争が始まると，これらの農場で朝収穫されたレタスやトマトは箱詰めされて立川飛行場あるいは芦屋飛行場に運ばれて翌朝には朝鮮半島に空輸され，その日のうちにトラックで軍の食堂に届けられたそうです．私が大学院生時代に裁判支援をしていた韓国人元BC級戦犯者の文泰福（ムン・テボク）さん（故人）は，収監されていたスガモプリズンから調布の水耕農場での作業に駆り出されたのですが，自分たちの作った野菜を介して故郷における戦争に加担しているという思いが拭いきれず，悔しさのあまり，収穫したトマトに釘を刺したという体験談を話されています．

人工光型植物工場の起源

さて，日本における太陽光利用型水耕栽培の起源がＧＨＱと密接に結びついていたことを紹介しましたが，途方もない建設費と電力を要する人工光型植物工場は，一体誰がどのような経緯で始めたか想像がつくでしょうか．

実は，世界で初めて人工光型植物工場の開発を行ったのは，原発メーカーであるアメリカのジェネラル・エレクトリック（ＧＥ）社だったのです．エリン・マーフィー（1987）は，原子力潜水艦内でサラダ用の野菜を育てるために，1973 年，アメリカ国防省がＧＥに開発のための資金提供を行っていたことを報告しています．また 1980 年 5 月 31 日の週刊ダイヤモンドには「外資上陸で火がつく“植物工場”企業化戦争　米・ゼネラルミルズ社対抗策急ぐ日本企業群」という記事が掲載されており，アメリカでゼネラルミルズ，ＧＥ，ウェスチングハウス，ゼネラルフーズなどが植物工場の企業化戦争を繰り広げていたことが紹介されています．ＧＥとともにウェスチングハウスでも原子力潜水艦における植物工場利用が企図された可能性があると私は勘ぐっています．原子力潜水艦は，電気が有り余っていますし，何カ月も地上に浮かぶ必要がなく船員が野菜不足になりがちですので，一石二鳥の策として，植物工場が考え出されたということでしょう．

一方で，1970 年代に東西冷戦の緊張緩和（デタント）によってアメリカ国防省がソナーやレーダーの軍事研究開発費を削減したことにより，ＧＥは自己資金によってこれらの軍用技術の民生転用を図ることになり，コンピューターベースのイメージ作成機の開発，小型カラービデオカメラ用マイクロチップの開発，そして植物工場開発の 3 分野に余剰人員を振り当て，植物工場分野では「完璧なトマト」の工学的栽培に取り組むことになりました（ボード，1981）．この「完璧なトマト」プロジェクトは，アポロ計画時代にＮＡＳＡで宇宙空間における野菜栽培技術開発に携わったＧＥのマネージャーとエンジニアによって提案され，1973年に二人の機械工，一人の民間職人，一人の電気技術者を採用して始められました．つまり，ＧＥの植物工場開発は，アポロ計画を初めとするＮＡＳＡによる宇宙開発構想の一翼を担っていたことがわかります．

さて，このような原子力潜水艦あるいは宇宙空間という極めて特殊な状況を想定して着想された植物工場でしたが，その後ＧＥのプロジェクトでは，民間職人によって工場が設計され，機械工によって効率の高い循環型培養液分配・通気システムが開発され，さらに電気技術者によって電気回路と特殊照明器具の制御盤が作成され，その結果，トマトはもちろん，ホウレンソウ，ナス，タマネギ，ダイコン，イチゴ，カブ，メロン，様々な薬用植物，観賞用植物，樹木の苗などが栽培されるようになりました．培養液を常に循環させて根からの養水分の吸収を促すとともに，根が酸素不足にならないような工夫がなされ，また培養液の濃度と量については，電気伝導度およびｐＨを計測して調整する方法がとられました．光源には赤／青の波長の高圧ナトリウムランプが用いられ，温度を保つためにエアコンを導入し，赤外線分析計で測定した二酸化炭素濃度が設定濃度以下になると，チャンバーに二酸化炭素が注入されるような仕掛けが作られました．当時のアメリカの平均的一般農家は，1平方フィート（26.8cm^2）当たりトマトを年間1.5ポンド（671g）収穫していましたが，温室栽培農家は同面積で４ポンド（1.8kg），ＧＥが開発した植物工場システムでは同面積で50ポンド（22.7kg）が収穫できました．しかも傷や病害虫も全くなく，サイズ，色，香りもコントロールでき，農薬散布も不要であったと報告されています．ＧＥトマトは市販のものよりもビタミンＣ含量が約

30％高く，ＧＥレタスはビタミン含量Ａが高かったとされていますが，折しもオイルショックによる燃料費高騰の影響があり，ＧＥは植物工場の特許をスウェーデンのノーベル社に認可し，その後，1980年には実施権をコントロール・データ社に売却し，事実上植物工場事業から撤退しました．経費をかければ，単位面積当たりの収量を飛躍的に高め，品質も向上できたのですが，如何せん，大変な電気代がかかり，ビジネスとしては成り立たなかったのです．

日本における植物工場ブーム

日本で最初に人工光型植物工場を手がけたのは先述した日立製作所中央研究所の高辻正基でした．『植物工場の誕生』（1990）からその独創的な発想を抜き出してみましょう．「野菜の栽培なら素人の私でも出来そうだ，とまず思ったわけだ．次に，施設型農業なら環境条件のコントロールが中心になるわけで，そのためのマイコンや空調機器，照明ランプ，各種センサーなどは，日立の製品にもなっている．いろいろな計測も必要となろうが，計測器事業部だってある．将来，植物の計測装置や環境制御装置として，製品化に結びつくかもしれない．高度な施設型農業のプラントを受注する可能性も出てくるだろう．つまり，日立の技術と整合的なのである」．時は1972～73年頃で，オイルショックのまっただ中でした．この頃，食料品価格が急騰し，植物工場は関心を集めることに成功しました．さらに，通産省の肝いりで日本電子工業振興協会に「植物工場システム調査委員会」が設立され，松下電産，住友電工，三洋電機，日本電気，東芝，立石電気，シャープ，富士通，横河電気など21社が名を連ねたのですが，上述の日立製作所を除けば，本格的な取り組みは行われませんでした．なぜ，この時期に国政レベルの具体的施策が行われず，企業の関心が薄らいだのかについて，前掲の週刊ダイヤモンドは，「『“植物工場”という言葉からして農業を冒瀆するものであり，農民に対する挑戦だ』とする農林水産省の抵抗で，通産省の熱意が打ち砕かれた」というエピソードを紹介しています．当時は，1944（昭和19）年に交付された食糧管理法により農産物の卸売市場への持ち込みは農民（登録者）にしかできなかったため，企業が植物工場をつくって作物を栽培したとしても，自ら市場に卸すことができなかったという事情も関係しているかもしれません．

日本における植物工場の第一次ブームとよばれるのは，1985年のダイエーららぽーと店における植物工場（バイオファーム）設置，筑波科学万博における回転式レタス生産工場の展示，海洋牧場によるカイワレ大根の工場生産などに象徴されています．円高不況によって日本の産業構造の転換が図られた時期であり，エレクトロニクスやバイオテクノロジーなどベンチャー的産業がもてはやされた時期でした．「日本紡績月報」467号（1987年8月）には，「円高不況下の各企業はニューフロンティアを血眼で探している」という記述が掲載されています．

第二次ブームとよばれるのは，1990年代のキューピーやＪＦＥライフなどに代表される主として食品産業の参入によるものでしたが，これは1993年に農業生産法人への企業（有限会社など）の出資が可能になるなど，政府が段階的に規制緩和を行ったためと考えられます．その後，小泉内閣になってから2003年に構造改革特別区域法が制定され，市町村が定める遊休農地などが多い特区であれば企業がリース方式で農地を借りることができるようになり，さらに2009年の改正農地法では，農業目的であれば一般企業も地主から直接，自由に農地を賃借できるようになり，農地リースの地域制限が原則的に撤廃されることになりました．この2009年の改正農地法では，賃貸借の契約期間も50年に延長され，直接農地を取得できる農業生産法人に関しても，出資上限が10％以下から50％以下にまで引き上げられました．50％出資上限には農商工連携の認定事業者などの条件があったのですが，これはまさに植物工場を念頭に置いた法整備であったということができそうです．東日本大震災以降の植物工場ブームは第三次ブームとよばれていますが，冒頭でふれたような政府の予算措置に先だって，民間企業の参入を促す法整備が次々と行われていたことは注目に値すると思います．実は，昨今の植物工場ブームは，周到に用意されたもの，あるいは長年の悲願であったいうべきで，麻生内閣は，謂わば呼び水の役割を果たしたにすぎないといってもよいかもしれません．電力産業は，虎視眈々と植物工場事業の展開を狙っていたのです．

三菱グループの植物工場事業

先ほど，原子炉メーカーである日立，日本 GE，東芝が植物工場事業に参入したことにふれましたが，もう一つの原発メーカーである三菱についてもふれておきましょう．三菱総合研究所（三菱総研）は農林水産省と経済産業省が初めて共同で実施した「植物工場振興のあり方調査」を受託しており，第三次植物工場ブームの火付け役となりました．「(三菱が）植物工場関連ベンチャーであるフェアリーエンジェルに出資し，このことが経産省・農水省で植物工場ワーキンググループが設置されるきっかけとなり，農商工連携のシンボル的なものとして，今日に至っている」と産業競争力懇談会で三菱化学のある執行役員が自慢げに述べているとおりです．ちなみに三菱グループは 1982 年 3 月，三菱化成 51%，三菱商事 49% の出資比率で，資本金 1 億円の植物工学研究所を設立しました．後藤英司が編集した『アグリフォトニクス ── LED を利用した植物工場をめざして』によると，2008 年までに公開された植物工場に関連した特許の数は，三菱（三菱化学 21，三菱重工 1，三菱電機 1）が最多で 23，続いて三菱化学と資本業務提携をしている LED メーカーのシーシーエスが 14，東芝ライテックが 8 であり，後続を圧倒していたことがわかります．

三菱が特に力を入れているのは，コンテナ型人工光型植物工場の海外輸出です．前出の三菱化学の執行役員の話によれば，コンテナ型植物工場は「わが国のデバイス（太陽電池，非常用リチウムイオン電池，LED，断熱材など）をてんこ盛りしたもの」であり，2010年1月にはカタールに納入することが決定していました．民主党政権下で結ばれた日本とカタールの経済関係強化に関する共同声明（2010年9月30日）の第15項には「双方は，民間部門を通じて，日本の先端技術を利用し，カタールのニーズを満たす植物工場をカタールで促進する意図を表明した」との文言が入れられていましたが，この民間部門を三菱が請け負う形になっていたのです．

2013年8月28日，当時の安倍首相がカタールを訪問した際「（日本の植物工場の）世界最高水準の技術は，乾いた風土に，新鮮なレタスを育てます．……『やっぱり日本だ，頼りになるのは』と思っていただきたい，とそう思います．もちろん，カタールの皆さんには，日本食品の輸入を妨げる規制を，ぜひともなくしていただきたいと，そうお願いを申し上げます」と挨拶をしました．この時の安倍首相のカタール訪問には，経団連会長や日本施設園芸協会の会長などとともに三菱商事の代表取締役社長も同行していることに注目しなければなりません．トルコの原発輸出のために三菱重工と安倍首相が意気投合していたのと同じ構図が見て取れるわけですが，事実としては，三菱の植物工場の売り込みに安倍首相が駆り出されたという方が正確なのかもしれません．いわずもがなのですが，安倍首相は三菱重工取締役である佃和夫が理事長を務めていた成蹊大学の出身であり，実兄である安倍寛信は三菱商事パッケージングの元代表取締役社長でした．

さて，このように植物工場の海外輸出に熱心な三菱ですが，一方で，前述の鳴り物入りで出資した「シンボル」的なフェアリーエンジェル福井工場が事業から撤退したことは見過ごせない事件といってよいでしょう．フェアリーエンジェル福井工場は，昨今の植物工場ブームを強力に牽引した「新経済成長戦略2008改訂版」において「先取的取組事例」として写真入りで紹介されており，LEDメーカーのシーシーエスと三菱化学が資本・業務提携して出資を行い，さらに日本政策投資銀行からも10億円の融資を受けて，福井県美浜町に建設された世界最大級の人工光型植物工場でした．「新経済成長戦略2008改訂版」で紹介された先取的取組というのは次のとおりです．「近年，植物工場とよばれる人工的環境制御による施設内における作物の自動周年生産システムが確立されつつある．これまで，閉鎖空間での水耕栽培については，設備コスト，ランニングコストが大きすぎることにより投資の回収が困難である等の課題が指摘されてきた．しかし，先取的取組においては，失敗から得た教訓を活かし，技術開発の一層の推進と農業生産・経営に関する知見やノウハウの分析・活用に取り組んでいる．こうした新たな食料生産システムの普及・拡大は，食糧の安定供給と農業の産業化を同時に実現する可能性を秘めており，環境への影響にも配慮しつつ積極的に支援する」．しかし，このように政府が支援を行った先取的取組のシンボル的存在であったにも拘らず，フェアリーエンジェル福井工場は，2010年7月には，すでに14億円の固定資産除却損を計上していました．この植物工場は原子力発電施設等周辺地域企業立地支援事業（F補助金）を受けており，また美浜町の企業誘致助成金として

図71　フェアリーエンジェル広告

1億円を受け取っていたわけですから，それだけの税金が水泡に帰したことになります．しかし，それ以上に憂えずにおられないのは，このフェアリーエンジェル福井工場が，今後の植物工場事業全般の行く末を，リアルに「象徴」しているのではないかということです．

動物工場とのアナロジー

「植物工場を強力に推進する国家レベルの駆動力とは何か」というのが本講の一つのテーマであるのですが，1950年代後半からアメリカで盛んになった巨大アグリビジネス資本による動物工場の展開が，日本における植物工場ブームのアナロジーとして有益な示唆を与えてくれるのではないかと思います．ジム・メイソンとピーター・シンガーによる『アニマル・ファクトリー』（1982）を翻訳した高松修は，以下のように述べています．

「動物工場では，一見して安価な畜産物が製造されているようだが，実は畜産動物そのものは，エネルギー収支を分析してみると，たいへん無駄の多いものであることが解明され，食料の『浪費工場』にほかならないことを曝露している．では，消費者に工場の畜産物はなぜ安価に見えるのか，といえば，それはいろいろな名目で政府から補助金の形で『隠れた工場経費』が支出されているからなのである．しかしその補助金にしても，もとはといえば消費者の税金なのだから，タコの足を食うようなものであるということになるのだが……．それでは動物工場への流れを演出し，儲けているのは誰か．それは当の農民でも消費者でもなく，アグリビジネスであるという．アグリビジネスという言葉は，『農業関連の企業』（Agri-business）と訳されているが，本当のところは『みにくい企業』（Ugly-Business）とアメリカではささやかれているようだ．このアグリビジネスは巨大資本にものをいわせて農業分野に介入し，ブロイラー業界を例に取ると，ブロイラー工場や飼料会社から，その加工—流通販売までを完全にインテグレーション（垂直統合）してその分野を完全に席巻し，養鶏農家を駆逐してしまった．その魔手は今日ではブロイラーから豚に及んでいる」．

ここで，「動物工場」を「植物工場」，「畜産物」を「野菜」，「ブロイラー」を「レタス」，「飼料会社」を「電力会社」に置き換えてみると，そっくりそのまま，見事に意味が通ることに，私は驚きを禁じえません．動物工場の場合，餌を売る飼料メーカーや抗生物質やホルモンなどの医薬品メーカーなどが政府と一体となって事業を展開しているのですが，植物工場の場合は，電力会社，電気機器メーカー，ゼネコン，医薬品メーカーなどが，政府を抱き込む構図になっています．

一例を挙げると，たとえば東芝取締役代表執行役副社長の室町正志が日経マイクロデバイスのインタビューに答え，「(LED 照明事業は）韓国勢などもかなり積極的ですし，相当厳しい競争が待っていると覚悟しています．ここ 2 ～ 3 年の取り組みが勝敗を分けるでしょう．LED 照明は寿命が長いだけに，いったん市場を競合メーカーに獲られてしまうと，取り返すチャンスがなかなか訪れないですからね．この分野で，われわれはなんとしてもトップ・ベンダーの座を築きたい．そのために，2015 年までに 1000 億円の経営資源を投入していきます」と語っています．一つの人工光型工場で数千個以上もの LED を設置する植物工場こそ，LED 業界にとって打ってつけのマーケットであることは疑いありません．電機機器メーカーが植物工場に出資しているのは，LED をはじめとするデバイスを売り抜くためであり，原発メーカーや電力会社が植物工場に群がるのは，原発の副産物ともいうべき無駄な夜間電力を消費してもらうためにほかなりません．要するに，ゼネコン，建設業者，エンジニアリング会社，電力会社，電気機器メーカーなどは，植物工場自体が経営に行き詰まったとしても大した問題ではなく，むしろ工場内で働いている労働者や栽培されているレタスなどは，このような癒着構造をカモフラージュする装飾品にすぎないといえるでしょう．また，事業者としても，今後さらに規制緩和が進行すれば，かりに植物工場事業自体は失敗したとしても，工場跡地を有効利用できる道が拓けるかもしれないという胸算用があるのではないかと思われます．つまり，「植物工場」というのは名ばかりで，多くの場合「LED消耗工場」「夜間電力消費工場」「土地転用待機工場」というのが現状に即した呼称なのです．

このような視点で植物工場を眺めてみると，勝俣恒久東電前代表取締役会長が代表を務めていた産業競争力懇談会ＣＯＣＮが「農林水産業と工業との連携研究会」のもとに設置した「植物工場分科会」に名を連ねている顔ぶれについても納得がいきます．そこには農民はもちろん，農協の名前もなく，鹿島建設，清水建設などのゼネコン，日立プラントテクノロジーなどのプラントメーカー，東京電力などの電力会社，新日鉄エンジニアリングなどのエンジニアリング会社，シャープ，住友電気工業，大日本印刷，ニコン，テーブルマーク，花王，デンソーなどの電気機器・資材メーカー，両備ホールディングスなどの輸送会社等が名を連ね，さらに農水省と経産省の官僚が加わって，「オールジャパンとしてのベクトル合わせ」などが議論されていたのです．植物工場事業のほとんどが赤字であるにも拘らず，政府が湯水のように補助金をつぎ込んで，建設基準法や消防法，農地法などの立地に関わる規制緩和，施設整備への助成，電気代の割引や固定資産税の減免措置などを行う背景には，これらの業界による強力な後押しがあるのであり，まさに国家規模における「振り込め詐欺」といっても過言ではないと思います．

植物工場における遺伝子組換え植物栽培の問題性

現在，さらに人工光型植物工場における遺伝子組換え植物の生産が議論されるようになってきました．私はここで，いま注目を集めている花粉症緩和米やイヌ歯肉炎治療イチゴなどは，極めて危険な試みだということを指摘しておきたいと思います．今のところ，日本では野外で遺伝子組換え植物を栽培できないような法規制があることは，みなさんもご承知のとおりです．その法の目をかいくぐるために人工光植物工場を利用しようという意図が見え隠れしているように私には思われてなりません．しかし，これは医食混交の大惨事を惹き起こす恐れがあるのです．たとえば花粉症緩和米の場合，普通の米と外見上区別できませんので，市場に出回った時に，あるいは食卓に上った時に，健常者が常用することになってしまう危険を排除できません．普通米か花粉症緩和米かはＤＮＡ鑑定をしなければ判別できないのです．万が一，組換えイネが植物工場外に出てしまった場合，自然界から回収することは至難の業です．工業物の不良品回収とは違い，植物は自ら大いに繁殖し，人類が滅亡しても，なお生き残っていくに違いありません．

一方で，イヌインターフェロンを遺伝子組換え技術によって挿入したイヌの歯肉炎治療イチゴについては，すでに凍結乾燥したものが獣医師の処方箋に従って使用することが可能になっています．しかし，もともとタンパク含量が低いイチゴにインターフェロンを作らせるのは得策とは思われません．歯肉の対策というよりは，植物工場事業を正当化するための苦肉の対策というべきではないでしょうか．産業技術総合研究所の報告によると，約30㎡の植物工場でこのような遺伝子組換えイチゴを栽培した場合，1年間で500万匹以上のイヌ（全国の飼い犬頭数は約1300万匹）に供給できるイヌインターフェロンが生産できるそうです．そうすると 10m × 10m ほどの植物工場があれば，日本中のイヌに供給できるインターフェロンが作れることになりますので，市場規模はごく限られているといわざるをえません．

いずれにしても，最近，遺伝子組換え植物の人体への深刻な影響がぞくぞくと明らかになりつつあることを考慮すれば，食品の形をした遺伝子組換え医薬品に関しては，拙速な解禁は避けるべきでしょう．

植物工場では，野菜の含有成分をコントロールすることが容易であるため，上述のような薬用植物の栽培が行われるとともに，透析患者用の低カリウムレタスの栽培などが試みられています．しかし，植物工場野菜は概して肥料吸収率効率が高く，場合によっては 0.1％を超えるような硝酸を含む農産物が作られます．さらに私が心配しているのは，このような技術を応用して，今後，室内用の小型植物工場で高ＴＨＣ大麻を室内栽培する人が増えるのではないかということです．警察庁刑事局組織犯罪対策部薬物銃器対策課の『平成 24 年中の薬物・銃器情勢』によれば，大麻の栽培事犯検挙人員は，2008 年が 207 人，2009 年 が 243 人，2010 年 が 143 人，2011 年 が 113 人，2012 年 が 114 人と減少傾向にありますが，押収された大麻草の本数は，2008 年の 3,907 本から 2012 年の 6,680 本へと倍増し，大麻の室内栽培が効率化していることが見て取れます．これまでは，自作の水耕栽培装置を使っていた例が多かったようですが，今後，小型植物工場が悪用される恐れがあるのではないかという懸念が払拭できません．

最後に

人工光型植物工場は，その誕生からして，原子力潜水艦や宇宙空間など，死の世界にこそ相応しい施設といえます．工場の内部は，授粉のための昆虫はもちろん，菌すらほとんど存在しない無生物空間になっており，労働者は「必要悪の保菌者」として防護服と見紛うばかりの衛生服を着用して作業をしなければなりません．ベルトコンベアに乗ってゆっくりと流れてくる植物を収穫する単純作業は，アダム・スミスが指摘するように人間の知的活動を鈍らせます．「植物工場はエアコンが効いていて，快適な労働環境が約束されている」などという宣伝文句をよく目にするのですが，まったくものは言いようです．シベリヤやアラビア砂漠，南極などなら屋外よりも快適だといえるかもしれませんが，私は，農業というものは，このような死せる世界においてではなく，命の息吹を感じうることができる太陽や土のもとで行うのが本来の姿であると信じています．人工光型植物工場というものは，たとえ太陽電池などの自然エネルギーを用いたとしても，結局は発電した電気でLEDランプを点灯して植物に光合成をさせるのですから，たとえてみれば風力発電で発電した電気で扇風機を回して涼むようなものではないでしょうか．直接外で風に当たったほうがずっと爽やかなはずなのに，電力会社や電気機器メーカーを支えるために，わざわざ政府が補助金を出して，人が屋内で電気を消費する生活を促しているようなものだといえるでしょう．もちろん，扇風機を使うこと自体は悪いこととはいえないまでも，外で風に当たる自由が損なわれるならば，問題です．私自身は，苗の生産などにおいては，植物工場の有用性を認めるのに吝かではありませんが，問題なのは，植物工場をとおして見える，この国のありようであり，この社会の行き先です．もし植物工場が林立することによって，土を耕す本物の農業が衰退していくとすれば，取り返しのつかないことになります．植物工場に対してつぎ込まれる補助金は，まさに小規模零細農家を潰すための軍資金にほかならず，「強きを助け，弱きを挫く」新自由主義格差政策そのものであるといっても過言ではありません．

いま，植物工場で作られた野菜は，洗わないでも食べられる安全安心の野菜などと銘打って店頭に並べられておりますが，これを受け入れるかどうかが，今私たちに問われています．

植物工場に批判的な意見をもつ学者は少なく，その情報はごく限られています．この講義では，植物工場そのもののしくみやノウハウについてはふれませんでしたが，関心がある方は，関連書籍が多々ありますので，ご参照いただければと思います．みなさんが植物工場に関する政策や電力事業関連企業の宣伝を鵜呑みにするのではなく，ご自身でその良否を判断していただきたいと願ってやみません．

第12講　シンボルとしての農業をめざして

原発事故と自然の死

1979年3月28日にアメリカのスリーマイル島で原発事故が起こり，その翌年，キャロリン・マーチャントは，「この原発事故は，科学革命以来次第に顕在化してきた“自然の死”（The Death of Nature）という問題の縮図といえる」と述べ，17世紀の自然哲学者たちが発展させた機械論的な自然観が，それ以前の有機的な世界を駆逐してきた過程を批判的に検討しました．かつて存在した有機的な世界では，個人と社会と宇宙とを繋ぎ合わせるものが，私たちの身体の器官を一つに繋いでいるものと根本的に同じであると考えられており，あらゆるものが互いに結びあっているという有機的な前提が存在していました．たとえば，マーチャントが書名に取り上げたnatureという単語にしても，日本語でいうところの「自然」を意味すると同時に，nature and nurture（氏と育ち）というように人間の「性質」をも表象し，同時にあらゆる被造物の「本質」をも含意します．つまり，natureは「自然」や「人間」だけでなく，あらゆる存在に通底する概念であり，万物を有機的に結びつけている力であるといってよいでしょう．しかし，マーチャントによれば，世界をおのれと一体化した有機体と見る考え方は，フランシス・ベーコン，ウイリアム・ハーヴェイ，ルネ・デカルト，トーマス・ホッブズ，アイザック・ニュートンなど近代科学の父たちの貢献や，その後の科学技術の発展に依拠した市場中心主義的な文化の発展によって死物化・機械化・工業化・ハイテク化され，有機的世界はバラバラに解体されてしまったといいます．こうして世界は，あたかも理論や数式に則って自動的に運動する装置とみなされるようになり，支配すべきもの，利用すべきものとして対象化されるようになってしまいました．シューマッハーは「現代人は自分を自然の一部とは見なさず，自然を支配，征服する任務を帯びた，自然の外の軍勢だと思っている．現代人は自然との戦いなどというばかげたことを口にするが，その戦いに勝てば，自然の一部である人間がじつは敗れることを忘れている」と指摘しています．私たちはこうして近代科学の発展に伴って「父なる神」とともに「母なる自然」という慕わしい帰属意識を失ったといえるでしょう．あの東北の震災と原発事故からはや10年以上になろうとしている今日，私は改めて，「新しい問題というのは，たまたま何かが失敗したから生じるのではなくて，技術的な成功の結果起きるのである」という警句を思い起こします．支配や征服，勝負や戦争が渦巻く殺伐たる現代社会は，いうまでもなく私たち自身が選び取ってきた帰結にほかなりません．

人間味溢れる世界を取り戻すために

お互いの結びつきを失った還元化された世界においては，人間も他の動植物や鉱物などと同様，細胞や遺伝子，分子や原子によって成り立っていることが前提されているといえるでしょう．いのちそのものがこれらの部品の組み合わせによって設計できると考えられており，遺伝子工学，細胞工学，人間工学，生命工学などという学問の研究対象となっています．ヒトは約30兆個の細胞から構成され，2万1787個の遺伝子によって支配されており，そのプログラムの7割はウニと異ならないといわれます．

私たちの身体が，分子や原子によって成り立っているというのは，確かに科学的事実に違いありません．しかし，このような事実は，私たちの人生にとってほぼ無意味であるということを弁えてなければならないと思います．たとえば，化学的に分析すれば，「涙」というものは希釈された純度の低い少量の塩化ナトリウム水溶液にほかなりません．しかし，私たちは，涙というものが食塩水であるよりは人生そのものであり，喜びや悲しみが凝縮し析出したものあるということを知っています．科学的手法では人の喜びや悲しみを測定することはまったく不可能なのです．同じように，手編みのマフラーや手作りのチョコレートには送り主の思いが込められており，手塩にかけて育てられた農作物にも，農に携わる者の特別な願いが宿っています．ところが，科学技術が発展した経済至上主義的な社会では，このような人間味というものが捨象されてしまうのです．私は，農業をとおして，私たちが実感できる有機的世界を再構築し，あまりにも無味乾燥になってしまった現代社会に人間的な彩りと味わいとを取り戻したいと慎ましく願っています．農業こそ，有機的な世界の根幹をなす"第一級の産業"であったはずです．

シンボルとしての農業とビジネスとしての農業

今日，産業としての農業の位置づけは，著しく貶められています．これはコーリン・クラークの『経済的進歩の諸条件』(1941) 以来，第一次産業→第二次産業→第三次産業の発達順が"経済進化"の基本的なパターンと信じられるようになったからだと思います．ＧＤＰに依拠した議論でも，産業としての農業は，日本においては，所詮，1.5% を占めるにすぎないなどと論じられています．ちなみにこの数字は他国でも似たり寄ったりで，アメリカで 1.1%，イギリスやドイツで 0.8%，農業国といわれるフランスが 2%，オーストラリアでも 3.9% 程度となっています．このようなことから，農業は産業としての貢献度が低いのだから，TPP に参加するのもやむをえないというような議論になりがちです．しかし，実際には，農業にはＧＤＰでは測れない価値があることは明白でしょう．国際決済銀行によれば，2008年２月に金融派生商品の創造は600兆ドル，すなわち世界におけるモノの生産高の11−15倍に達したといわれており，ＧＤＰを根拠にした産業論は，すでに破綻しているといわねばなりません．要するに，マウスをクリックするほうが，汗水流して，あるいは心血を注いでモノを作り出すよりも，ビジネスとしては格段に儲かるのです．さらに最近の日本の政権のように湯水のように紙幣を印刷してしまうというのであれば，モノやそれを生み出す労働の価値はいよいよ不当に貶められてしまうことになると思います．

このことは，教育や医療，福祉などについてもいえることで，たとえビジネスとしては成功していなくても，私たちが健康で文化的な生活を営み，公平で隣人愛に満ちた有機的な社会を形成するためには，どうしてもこのような営みは必要不可欠であるといわなければなりません．私は，とくに農業に関しては，ビジネスとしてではなく，シンボルとして捉えることを主張しているのですが，それは農業が有機的世界におけるいのちの結びつきを象徴（シンボル）しているからにほかなりません．私は，マーチャントが指摘した死物化・機械化・工業化・ハイテク化する世界に抵抗するための鍵となるのが，農業であると確信しています．ここで私がメタファー（暗喩）という言葉を使わなかったのは，「シンボル」という言葉が有する「信条」という含意を活かしたかったからであり，損得勘定とは別に，信条（シンボル）として取り組む人々によって，農業が担われるべきであると考えているからにほかなりません．宗教改革者のマルティン・ルターは「たとえ明日世界が滅びようとも，私は今日タネを植える」と語ったといわれていますが，私はここにシンボルとしての農業を見る思いがするのです．

有機農業と農業の近代化

1940年代になってイギリスやアメリカで主張されるようになった有機農業運動は，化学肥料や合成農薬，大型機械などの投入によって近代化され，財界によって包摂されようとしていたビジネスとしての農業に対するアンチテーゼであると同時に，大地に生きる人間の本質を問い直そうとする主張でありました．それは土との関係を修復することによって，かつてあった有機的世界を取り戻そうとする哲学であったといってもよいと思います．

「organic farming（有機農業）」という言葉が初めて使われたノースボーンの『この大地を見よ』（1940）という本を読むと，有機的という言葉は農法をさしていわれることも多いのですが，むしろ農場全体が有機的であるべきだということが説かれているように思います．「本物の有機農業というものは，ビジネスではなく生き方であり，しかもそれは，有機農業に携わっているその人自身の生き方であるだけでなく，すべての生命（有機なるもの）の生き方に影響を及ぼさずにはおかないものである」という彼の主張は，農薬産業や肥料産業，農業関連の資材メーカーや機械メーカーなどに牛耳られ，死物化・機械化・工業化・ハイテク化の度合いを深めていた市場主義的農業に対する創造的な抵抗であったといえるのではないでしょうか．

日本では，とくに1961年の農業基本法以降，農業の近代化が財界の後押しによって強力に進められてきました．戦中，すでに“近代の超克”が主張されていたにも拘らず，戦後「近代化」が称揚されること自体おかしな話なのですが，それ以降，農業近代化資金助成法や畜産物価格安定法（1961），農地法・農協法の一部改正（1962），農業構造改善事業促進大綱（1962），地方農政局の設置（1963），離農円滑化対策実施方針（1964）などが矢継ぎ早に繰り出され，「日本農業は，農業近代化を大義名分とする各種の法令や規則のネットワークの中に，あらゆる面で組み込まれ……それらの法網によってガンジガラメに拘束された日本農業は，さらに，各種の政府補助金の操作によって，高度経済成長がめざした高度工業化社会の生産力大系の中にすっぽりと包摂されて」いきました（坂本慶一，1984）．農業基本法では「他産業との生産性の格差が是正されるように農業の生産性が向上することおよび農業従業者が所得を増大して他産業と均衡する生活を営むこと」が目的とされ，一見，商業や工業に対する農業の復権をめざしているように見受けられるのですが，その実，予算の大半は，農業に携わる者たちを通り越して，土地改良を担当する土建業界に流れていったのです．

「有機」および「有機農業」という用語について

有機農業について考えてみたいのですが，その前に「有機」および「有機農業」という用語に混乱が見られるので，概念整理をしておきたいと思います．「有機的」という漢語は明治初期にorganicの訳語として造られた和製漢語でした（漢字百科大事典，明治書院，1996）．1870（明治3）年の『舎密局開講之説』（三崎嘯輔訳，1870）中に「蓋（けだ）し有機の諸体は，概（おおむ）ね酸，炭，水，窒の四気より成る者なり」とあるのが初出だと思います．この場合の「有機」は「生命力をもつこと」，あるいは「生命そのもの」の意味でした．英語辞書では1873（明治6）年の『附音挿図英和字彙』（1873）に初めて「Organic bodies　有機体（イウキタイ）」の訳語が掲載されています．organicという形容詞は名詞であるorganから派生したのですが，語源であるギリシャ語のオルガノン（道具）の有する様々な意味範囲のうち，身体の道具である「器官」という特化した意味から「生命に関する＝有機的な」という広がりをもつに至ったと考えられます．オックスフォード英語辞典を繙いてみると，organicという形容詞がいわゆる「有機」という意味で使われるようになったのは，1827年におけるファラディの表現「In the processes of organic analysis…（有機物の分析において……）」（chem.manip.ii.42, 1827）の頃のようです．その後，1868年にはホールが「organic fertilizer（有機肥料）」という言葉を使っています（Book about roses vi. 76）．ちなみに日本における最初の英語辞書である『諳厄利亜語林大成』（1814）ではorgan（ヲルゲン）の訳語は「樂器」，日本最初の和英辞書であるヘボンの『和英語林集成』（1867）では「dogu（道具）」となっています．「生命に関する＝有機」に近い意味でorganの訳語が登場するのは，幕末から明治初期に最も普及していた『英和対訳袖珍辞書』（堀達之助等編，1862）で，「五官，身体ノ机関，風樂風琴」となっていました．

Organic farming（有機農業）という言葉が初めて使われたのは，前節でふれたノースボーンの著書『Look to the Land（この大地を見よ）』（1940）であり，そこでは「持続的で，生態系として安定しており，自己完結していて，生物的にも十全でバランスがとれ，動的で活発な生きた有機的な完全体」としての農業が示されています（Scofield, 1986）．再度引用しますが，「本物の農業というものは，ビジネスではなく生き方であり，しかもそれは，農業に携わっているその人自身の生き方にとどまらず，すべての生命の生き方に影響を及ぼさずにはおかないものである」という彼の主張からも明らかなように，ここで言われている「有機農業」とは，土や人や作物のもつ「いのち」の有機的な連関を大切にする哲学にほかなりません．ノースボーンが特に強調したのは外から肥料を補わなければならないような死んだ培地ではなく，生きた肥沃な土壌こそ農業の要であるということでした．

1942年にはロデイルが主宰する雑誌「Organic farming and gardening」が出版され，オックスフォード英語辞典にも「このような有機的な農業に求められているものは，主として土壌の肥沃度の向上とより味の良い作物の生産であり，除草を行うことによって有害物質の散布をなくし，土壌の物理的構造を改善することである」というロデイルの用語法が掲載されています．ノースボーンもロデイルも，バイオダイナミック農業を提唱したルードルフ・シュタイナーの感化を受けていることが知られていますが，彼らがめざしたのは，単に「有機肥料を用いた農業」とか「農薬や化学肥料を使わない農業」ではなく，物質循環が盛んな生きた土壌の肥沃度に立脚した農業だったと思います．今日，「有機農業＝農薬や化学肥料を使わない高付加価値農業」という理解が浸透しているのですが，もともと「有機農業」という言葉で表現されたのは，土壌や作物のもつ生命力ないしは持ち味を最大限に引き出すための営みであり，儲けや効率に主眼を置いた利潤追求の有機ビジネスとは一線を画するものであったということができると思います．

日本における有機農業推進法の意義

1991年の地球環境サミットを受け，日本では1992年10月に「有機農産物等に係る青果物等特別表示ガイドライン」が制定されました．このガイドラインは5年後に米・麦・大豆にも適用されることになり，以下のような定義づけがなされました．

(1) 有機農産物：3年以上農薬，化学肥料の使用を中止し堆肥等で土づくりした圃場で生産した農産物
(2) 転換中有機農産物：農薬，化学肥料等の使用を中止して6カ月以上3年未満で堆肥等で土づくりした圃場で生産した農産物
(3) 特別栽培農産物
①無農薬栽培農産物：農薬を使用しない方法で栽培された農産物
②無化学肥料栽培農産物：化学肥料を使用しない方法で栽培された農産物

③減農薬栽培農産物：化学合成農薬（除草剤含む）の使用回数が慣行で使用されている回数の5割以下の方法で栽培された農産物

④減化学肥料栽培農産物：化学肥料（窒素成分量を比較）の使用量が慣行で使用されている量の5割以下の方法で栽培された農産物

このガイドラインは，その後有機JAS運用制度に受け継がれるのですが，どちらかというと「有機農産物」という表示の取り締まりに力点が置かれ，必ずしも有機農業そのものの推進には結びつかず，かえって有機農業の実施を困難なものにしてしまった面を否定できないと思います．オックスフォード英語辞典に「カリフォルニアで売られている“有機”リンゴジュースの99％は有機リンゴから作られたものではない，とさる最大手有機食品卸売業者のスポークスマンは語っている」という一文が掲載されているのですが（The daily Telegraph 1972 12Feb），有機農業を単なる高付加価値農業と捉えてしまうと，このような食品偽装問題が起こることにも繋がってしまいます．

一方，2006年12月に施行された有機農業促進法は，前項で述べた「有機農業」の本義に即した画期的な内容でした．今後，上述の有機JAS運用制度とのすり合わせが必要ですが，以下に簡単にその内容を紹介してみたいと思います．

この有機農業促進法は，超党派の有機農業推進議員連盟提案の議員立法によって成立したのですが，議連設立趣意書には「我々は，人類の生命維持に不可欠な食料は，本来，自然の摂理に根ざし，健康な土と水，大気のもとで生産された安全なものでなければならないという認識に立ち，自然の物質循環を基本とする生産活動，とくに有機農業を積極的に推進することが喫緊の課題と考える」という問題意識が記されていました．

この有機農業促進法では理念が述べられているだけでなく，国や自治体の責務についても規定されており，確実に実施されるための手当てがなされているのが特徴的です．以下に前者に関係する第三条と後者に関係する第四条を紹介してみましょう．

基本理念（第三条）：有機農業の推進は，農業の持続的な発展及び環境と調和のとれた農業生産の確保が重要であり，有機農業が農業の自然循環機能（農業生産活動が自然界における生物を介在する物質の循環に依存し，かつ，これを促進する機能をいう．）を大きく増進し，かつ，農業生産に由来する環境への負荷を低減するものであることにかんがみ，農業者が容易にこれに従事することができるようにすることを旨として，行われなければならない．

2　有機農業の推進は，消費者の食料に対する需要が高度化し，かつ，多様化する中で，消費者の安全かつ良質な農産物に対する需要が増大していることを踏まえ，有機農業がこのような需要に対応した農産物の供給に資するものであることにかんがみ，農業者その他の関係者が積極的に有機農業により生産される農産物の生産，流通又は販売に取り組むことができるようにするとともに，消費者が容易に有機農業により生産される農産物を入手できるようにすることを旨として，行われなければならない．

3　有機農業の推進は，消費者の有機農業及び有機農業により生産される農産物に対する理解の増進が重要であることにかんがみ，有機農業を行う農業者（以下「有機農業者」という．）その他の関係者と消費者との連携の促進を図りながら行われなければならない．

4　有機農業の推進は，農業者その他の関係者の自主性を尊重しつつ，行われなければならない．

国及び地方公共団体の責務（第四条）：国及び地方公共団体は，前条に定める基本理念にのっとり，有機農業の推進に関する施策を総合的に策定し，及び実施する責務を有する．

2　国及び地方公共団体は，農業者その他の関係者及び消費者の協力を得つつ有機農業を推進するものとする．

続く有機農業促進法の第六条では国が「有機農業推進基本方針」を策定すること，また第七条では都道府県が国の「基本方針」に即して「有機農業推進計画」策定に努めることが定められています．これを受けて，2007年4月，国は農水大臣名で「有機農業推進基本方針」を公示し，1．国，地方ブロック，都道府県，市町村で，民間と行政が一体となった有機農業推進体制を構築する，2．都道府県は民間との協働を旨として有機農業推進計画を策定する，3．有機農業の技術開発を推進し，有機農業に容易に取り組むための条件を整える，4．有機農業への参入，転換を円滑に進めるための体制を整備する，5．有機農業への理解を広げるための啓発活動の推進，などを当面の課題として掲げました．そして翌2008年度の国家予算では，有機農業総合対策として4億57,000万円が措置され，全国段階の有機農業推進団体支援事業（「参入促進」「普及啓発」「調査」），有機農業等指導推進事業，地域有機農業推進事業（「有機農業モデルタウン育成」），地域有機農業施設整備事業が準備されつつありました．このように有機農業推進のための法整備や予算措置が行われ，日本における有機農業は確実に普及しつつあったのですが，2011年3月11日以降，福島原発事故による放射能汚染をどう克服するのかという新たな課題が，緊急かつ根本的な課題として私たちの前に立ちはだかっています．私は，全農産物に対して放射線量を測定・表示するシステムの構築が必要だと考えているのですが，農や食の安全がすべての人の生活の根幹に関わっている以上，この問題は人類全体が取り組むべき課題であるといわなければなりません．

耕作放棄という問題について

「土つくり」について学んだときにも引用しましたが，トム・デールとヴァーノン・ギル・カーター（1955）は『世界文明の盛衰と土壌』

という書物の中で「人間の創った帝国や文明の大半の宿命が，土地利用のやり方によって大きく左右される」と述べており，「大抵の場合，文明が輝かしいものであればあるほど，その進歩的な存在は短かった．というのは，主として文明人自身がその文明の発達に役立った環境を掠奪し，荒廃させたためである」と論じています．また，E. F. シューマッハー（1972）も『スモール・イズ・ビューティフル』の中で「物的資源の中でいちばん偉大なものは，疑いもなく土地である．ある社会が土地を利用する仕方を探れば，その社会の行く末をかなり正確に予言できる」と述べていたことを改めて思い起こしていただきたいと思います．ドイツ語では“悲惨”を意味する言葉は“Elend”といいますが，この単語は，e（～から離れて）と land（土地）の合成語であり，土地から離れていること，故郷を失って流浪している状況を示唆しています．

　このような“悲惨な”耕作放棄の問題を，私たちは特に，東日本大震災以降，リアルな問題として捉えざるをえないのではないでしょうか．どんなに農業を続けたくても続けられない状況が広範囲に出現し，努力して育てた家畜や作物が，あるいは実際の放射能汚染，あるいは単なる風評被害によって，消費者に受け入れられない現実があります．確かに，ビジネスとしての東北農業は，極めて困難な状況にあるといわざるをえません．それはエコノミー的にも，エネルギー的にも，エコロジー的にも，地方（東北）が都市（関東）に収奪される仕組みそのものの敗北であり，自らが土にすぎないことを忘れ，自然の主人となろうとした私たちの思い上がりの挫折にほかなりません．私たちは，先祖から受け継いできた農地，自然，生活基盤，共同体を放棄せざるをえない現実に直面しており，私たちの世代が子孫に受け継がせることができるものは，くり返しになりますが，半永久的に存続する大量の放射性核廃棄物と膨大な赤字国債のみではないかという畏怖を覚えます．このような状況の中にあって，人と自然との結びつきを回復する有機農業を推進することは，閉塞感を超克し，希望の光明をさし示すシンボルになりうると私は思っています．

さて，耕作放棄地が増加している要因の一つとして，現代社会において土地所有者と土地利用者との接触や交渉が困難になっていることが挙げられます．このことは，私的所有を基本とした資本主義の存立基盤そのものに揺らぎが生じているということを示唆しているのではないでしょうか．

土地の分配と利用に関する最も古い記録の一つといってもよいのは旧約聖書ヨシュア記に記されたイスラエル十二氏族の土地分配でしょう．モーセに率いられたイスラエルの民は，出エジプト後，紆余曲折を経て「乳と密の流れる地」であるカナンに定着するのですが，彼らは家族にしたがってくじを引き，嗣業（しぎょう）の地を配分しました．ここで祭司職を務めるレビ族に関しては，唯一土地配分を受けず，イスラエル全体からの奉納物の十分の一をもって，彼らの生活を支えるシステムが確立されました．つまり，土地を所有するものが，土地を持たないものに対して十分の一税をもって支えたのです．古代イスラエルにおいては，土地は資産ではなくて嗣業であり，自分の所有ではあっても自分のためだけに用い尽くしてはならず，そのことは七年に一度の休耕規定や落ち穂拾いの規定からも明らかでした．たとえ自分の畑の産物であっても，刈り残した落ち穂は，寡婦たちや孤児たちのために残しておかねばならず，また七年に一度は土地を休ませなければならなかったことは，前々講でふれたとおりです．

ジョン・ロックは『市民政府論』（1689）の中で「神は，土地をすべての人に共有のものとして与えた．しかし，…中略…，神が，土地が常に共同地として，また未耕作のままであって良いと考えられた，と想像することはできない．神は，土地を勤労のために，また合理的に利用するために与えられた．そして勤労は，それに対する権原たるべきものである」と述べました．つまり本来土地は自然の主要な一部であり，決して個人的に占有して特権化すべきものでないとしながらも，耕作という労働によって荒廃地を開墾し，改良した本人が，その部分の土地に関してのみ占有的使用を認めることは，自然権としての共同所有と相反することにはならないと考えたのでした．要するに，土地は自然の状態では人類に貢献する程度が少ないのですが，それを耕作し改良することによって人々の生活改善に寄与するものとなるのであり，そのような労働の報酬として，土地の占有権を認めるのは合理的であるというわけです．

しかし，イギリスにおいて土地の囲い込みが進むようになると，ロックによる上記のような議論と乖離した状況が出現し，大規模な土地所有者が働かずして地代を得るという不公平が横行するようになりました．もちろん，そのような状況は，今日の日本における耕作放棄地問題とは全く別の要因によるというほかありませんが，現象としては，土地所有者と土地利用者との間における公平性の欠如，利益の不一致という点で共通項があると見ることは可能だと思います．四野宮三郎は，そのような不公平を是正しようとした「近代土地改革思想の源流」として，トーマス・スペンス（1775）の『人間の真の権利』，ウィリアム・オーグルヴィ（1781）の『土地所有権論』およびトーマス・ペイン（1795）の『土地分配の正義』を紹介しています．これらの名著は，現在の私たちが，いかにして耕作放棄地を再配分して耕作地として回復していくかを考える上で，極めて示唆に富む著作であると思います．ここでは，四野宮の解説に沿って，ペインの主張を以下に紹介してみましょう．

ペインは，社会が富者と貧者とに分かれ，貧困が社会問題として起こったのは文明の結果であって，それは一部のものによる土地の独占に原因があるとみなしています．ペインはすべての男女が土地の平等な持ち分を受ける権利をもつという自然権と，土地の耕作ないし改良によって増加された価値について，その耕作者，改良者に個別占有権を認めることができることに注目しています．ペインは土地所有に偏りが生じる場合，自然権としての土地共有権に対する補償として，共同社会に対する地代＝地租を納めることを義務づけることを主張し，とくに相続税を徴収して，これを国民基金とし，自然権を喪失したものに対する補償，特に女性の自然権喪失に対する弁償金，老人に対する養老金，障がい者の扶養金に充当されるべきだとしました．ペインは「私が論じてきたことは，慈善ではなく権利である．つまり博愛ではなく正義である」と主張しましたが，現代日本における耕作放棄地の問題も，単なる経済的な課題としてではなく，社会における権利の公平な分配，正義の実現の問題として捉えることが重要ではないかと思います．もちろん，日本における土地所有制とそれに伴う税制の歴史，とくに戦後の土地改革とその影響，近年における金融資本主義の進行と不動産の証券化，住宅問題などについても，耕作放棄地問題との関連を論じなければなりませんが，私の手には余る作業です．ぜひみなさんが考えてみてください．

農水省によれば，耕作放棄地の面積は1985年まではおよそ13万ヘクタールで横ばいであったのが，1991年から増加に転じ，2011年には概算値で39.6万ヘクタール，2016年には42.6万ヘクタールに達しました．このような状況に対処するために，2010年，政府は農地法を「農地の最大限の有効利用」と「農地の確保」を二本柱とした内容に改正し，前者に関しては「農地法の目的等の見直し」「農地の権利取得に係る許可要件の見直し」「農地の貸借規制の見直し」「農業生産法人要件の見直し」「農地の面的集積の促進」「遊休農地対策の強化」，後者に関しては「農用地区域内農地の確保」及び「農地転用規制の厳格化」により耕作放棄地問題に関する対策を講じました．

これらの農地法改正が画期的な功を奏したとは考えられません．しかし法にとって重要なのは，効果や拘束力であるよりは，そのめざすところの「法の精神」だと思います．土地所有と土地利用における正義と権利の公平な分配というこれらの法の精神が，シンボルとしての農業と相まって掲げられることが大切であり，社会全体がその志を共有することに大きな意義があるのではないでしょうか．

農商工連携と六次産業化

リーマンショック後の日本の農政をみてみると，麻生内閣における「新経済成長戦略」ではピンチをチャンスに変え，資源生産性競争に勝ち，世界市場に打って出ることが強調され，農商工連携などによる農林水産業の競争力の強化，「攻めの農業」あるいは「強い農業」などが政策として打ち出されました．さすがに麻生氏はカジノ議連の重鎮だけあって，農業が勝負事あるいはギャンブルのように扱われているという印象です．

試しに，農水相のホームページ（https://www.maff.go.jp/）で，「一気通貫」という言葉を打ち込んで検索してみてください．スマート農業，六次産業化，次世代施設園芸，農商工連携など，農水省の歴代目玉政策が，それこそ「一気通貫」して表示されることがわかります．2020年8月10日現在，595件がヒットするのですが，このような麻雀用語が，農水省の公式ホームページで頻出することからして，ギャンブルをするような感覚で政策立案が行われているのではないかと勘ぐられても，言い訳できないのではないでしょうか．

政権交代後の野田内閣における「日本再生戦略」では，今後の成長分野の一つとして農業が注目を集め，そのキーワードとして「農業の六次産業化」が掲げられました．これは明らかにTPP参加を念頭に入れたお題目でした．「六次産業化」という言葉自体は，東京大学教授の今村奈良臣が90年代半ばに提唱した用語なのですが，民主党政権が「六次産業化の推進」を農林水産政策大綱に掲げたことで脚光を浴びることになりました．六次産業化とは，生産部門を担ってきた農業を，加工や販売・サービスなど二次・三次産業も含めて経営の多角化を図り，加工賃や流通マージンなど，今まで二次・三次産業の事業者が得ていた付加価値を，農業者自身が得ることによって農業・農村を活性化させようというものです．当初は一次＋二次＋三次といった「たし算」の概念でしたが，「相乗効果を出す」という意味を込めて，「掛け算」の概念に提唱しなおされています．しかし，第一次産業（primary industry），第二次産業（secondary industry），第三次産業（tertiary industry）の「一」，「二」，「三」は「one，two，three」のような加減乗除が可能な数詞ではなく，「first，second，third」のような順番を表す序数でもないのです．玉野井芳郎が主張しているのですが，「primary，secondary，tertiary」は審級性，つまり優劣を表しており，第一次産業はせめて“第一級産業”あるいは“第一流産業”と訳すべきでした．農業が決定的に大切であることは，すでにアダム・スミスが『諸国民の富』（1776）で説いているところであり，農商工連携や六次産業化などの主張も，私にはアダム・スミスの分業の優位性を超えるものとは思われません．第一次産業という時のprimaryはラテン語のprimariusに由来するのですから，農林水産業は，身体で言えば“首（かしら）”であり（prime minister：首相），役者なら“主役（prima donna：プリマ・ドンナ）”です．ちなみに第六次産業は学術論文では「sextiary sector」と訳されており，私の手持ち辞書には掲載されていないような些末な単語が使われています．また最近の農業白書では「sixth industrialization of agriculture」と訳されているようですが，これでは外国人には全く意味不明であり，このような駄洒落あるいは戯れ言に膨大な国家予算をつぎ込むなど，狂気の沙汰であると私には思われます．六次産業化は少なくとも農業に携わる人びとを利するものではなく，財界の後押しによって農業を商工業に包摂するための概念装置にほかならず，TPP加盟のための大義名分として民主党が採用したキャッチコピーが一人歩きしたものとしかいうほかありません．

一方，旧安倍内閣が掲げた「日本再興戦略――JAPAN is BACK――」には，これとは違う目論見があったように思われます．“美しい日本”などと主張している安倍氏が，わざわざ英語を付しているところから推察すると，この戦略は「かつての強い日本が戻ってきた」という明らかに海外向けの主張であり，集団的自衛権の行使を視野に入れたアジア諸国を挑発するフレーズではないかと感じられます．いずれにしても，2013年末の成長戦略実行国会において「産業競争力強化法」「農業の構造改革を推進するための農業経営基盤強化促進法等の一部を改正する等の法律」「農地中間管理事業の推進に関する法律」「国家戦略特別区域法」などを「特定秘密保護法」の陰で矢継ぎ早に成立させ，現在も，農業の成長産業化が強力に推し進められているかのようですが，はたしてすべての農家がその恩恵にあずかっているかについては，疑問が残ります．

このような，麻生内閣から野田内閣，安倍内閣，そして現政権に至る一連の農業政策は，「農商工連携」や「六次産業化」など，いかにも農業のイメージとはかけ離れたキャッチフレーズを掲げているのですが，これにピッタリのビジネスが前講で述べた植物工場なのです．経営的に成り立っていないなかで，植物工場政策がどんどん推し進められていくのは，日本の農業があたかも技術立国を体現するかのごとく，力強く進められているという虚構を維持し，やっている感を演出したいがためなのです．

農的生活という提案

農的生活（英語ではagriculturismで通常は「農本主義」とも訳される）を提唱しているウェンデル・ベリーは，工業化された世界では人間も場所も産物も「履歴」から切り離されてしまうということに注意を促しています．つまり「我々は工業的経済に参加している度合いに応じ，自分の家族，居住地，あるいは自分の食べ物の履歴を知らない」というのです．原発事故後，私たちはコンセントの向こう側にある世界に思いを馳せることを促されたわけですが，途上国の環境破壊や児童労働によって生み出される食材や生活用品，地方に原発や基地を押しつけることによって都会で確保されるエネルギーや安心を，洗いざらい総点検することがまずもって必要なのではないでしょうか．ベリーの提唱する農的生活は，必ずしも土を耕すことに専念すべきことを意味しているわけではなく，有機的な繋がりを回復しようとする志を持った生き方をさしていると理解すべきです．

具体的な個々の提案をする余裕がありませんが，「テーラーメイドの世界からオーダーメイドの世界へ」というキーワードを最後に提示しておくことにしたいと思います．私たちは今，売られている服のサイズの方に自分を合わせて自らをS・M・Lなどと規定をするようになっています．建築家は誰が住むのかも頓着せずに家を建て，住むものは既成の建て売り住宅に自らの生活を合わせて生きざるをえない状況です．患者は病院に行けば病名によってカテゴライズされ，タイプ毎の薬を処方されます．学校では文科省が検定した教科書の方に，教師も生徒も自らを適合させようと必死になっているのです．しかし，有機的な繋がりを再構築しようとする農的生活では，その人のサイズを寸法してこの世に一つしかないその人のための服をオーダーメイドすることが重視されます．仕立屋は，その人に最も相応しいデザインや機能を考えて時間をかけて作業をすることになるでしょう．病院では，医者は病気を診るのではなく，患者を診ることになります．学校では，立身出世のためだけの受験教育が施されるのではなく，自らの生命や生活が何によって成り立っているのかが追究され，差別や不平等と戦い，自分の知識や技術を用いて，現在と将来の社会にどのような貢献ができるのかを，創造的に研究することがめざされることになるはずです．そして，"第一級産業"たるべき農業に携わるものたちは，愛する人の顔を思い浮かべながら，野菜や花を育てるのです．このようにして，私たちは失われつつある人間的な彩りと味わいをゆっくりと苦労しながら回復していくことができるのではないでしょうか．たとえ成果がすぐに現れなくても，そのような信条（シンボル）を掲げ，来るべき有機的な世界を先取りして生きることは可能なはずです．シンボル（象徴）としての農業の使命は，まさにそこにこそあると私は考えます．

ウェンデル・ベリーは「まるごとの馬」という論考において，「現代の精神は馬の半分しか見ない．――発電機や自動車，その他いろいろな動力利用の機械は，馬を馬力の面からしか見ない精神が生み出したものである．仮にこの精神が，すべての次元を備えた，草を食べる馬に対して大きな敬意を抱いていたとしたら，馬の半分しか表していないエンジンは決して発明しなかっただろう」というアレン・テイトの言葉を引用しました．有機農業であっても，それが単なるビジネスになってしまうなら，野菜は果実を実らせる道具となり，家畜は肉や卵やミルクをアウトプットする機械となり，農夫は時給でカウントされる労働力になってしまうに違いありません．やがて来たるべき将来の世界を視野に入れ，あらゆる命に対して敬意を抱き，それらを有機的に結びつける農業を確立することが，私たちに求められているのではないかと思います近代科学と産業革命によってバラバラに還元されてしまった無機的な世界において，父なる神，母なる自然，友なる人々との有機的な相互依存関係を，土を介して取り戻していくのが，農業や栽培のめざすべきところだということを，講義の最後に，みなさんとともに確認できればと願っています．

あとがき

教室における講義は，実際の農業に携わる喜びや苦悩について，その一端を解説することはできたとしても，実際にそれを味わうこととは比較すべくもありません．たとえ，どんなに素晴らしいレシピがあったとしても，それを作り，共に味わう共同作業がなければ，むなしいというほかないでしょう．

有機的世界を取り戻す使命に生きるという歩みを実際に始めることが大切なのですが，それは難しいことではありません．少しばかりの決断と勇気が要るのですが，辛抱して講義を聴くよりも，ずっと楽しく，喜ばしいことなのは間違いありません．作物を栽培し，家畜を飼うことは，リアルな世界を取り戻そうとするシンボルとしての生き方を体現させてくれる営みです．

私の講義が，いのちの相互連関によって支えられている世界のリアリティーを味わうための一歩を促す招待状になればと願ってやみません．そこで得られた実感を，是非，ひろく情報発信していただき，広く共有できればと願ってやみません．

本書は，私が東京農業大学国際農業開発学科で20年に亘って講じてきた栽培学原論の内容を活字にしたものです．拙い内容ですが，感想やご批判を賜ることができれば，幸いです．

最後に，校正の労をとってくださった一麦出版社の西村勝佳さんに心から謝意を表します．

〈著者紹介〉

小塩海平（KOSHIO Kaihei）

1966 年静岡県生まれ．1995 年東京農業大学農学研究科博士後期課程修了．農業博士．東京農業大学助手等を経て，2008―09 年オランダ・ワーヘニンゲン大学客員研究員．
現在，東京農業大学国際食料情報学部国際農業開発学科教授．
専門，植物生理学．幅広く人間の活動と生態系とを視野に入れる
著書，『花粉症と人類』岩波新書，2021 年，『農学と戦争』（足達太郎，小塩海平，藤原辰史共著）岩波書店，2019 年，訳書，ヤープ・ファン・クリンケン『ディアコニアとは何か――義とあわれみを示す相互扶助』一麦出版社，2003 年ほか

栽培学原論　12講

発行…………2022 年 7月 17日　第 1 版第 1 刷発行
定価…………［本体 2,400＋消費税］円
著　者………小塩海平
発行者………西村勝佳
発行所………株式会社一麦出版社
札幌市南区北ノ沢３丁目４－10　〒005－0832
TEL（011）578－5888　FAX（011）578－4888
URL https://www.ichibaku.co.jp/
携帯サイト http://mobile.ichibaku.co.jp/
印刷…………株式会社総北海
製本…………石田製本㈱
装釘…………鹿島直也

©2022, Printed in Japan
ISBN978-4-86325-141-0 C3061 ￥2400E
落丁本・乱丁本はお取り替えいたします．